Photoshop Shili Jiaocheng

Photoshop 实例教程

中等职业教育计算机专业系列教材编委会

主　编　王　靖
副主编　魏雅琴　李　源

重庆大学出版社

内容简介

本书是针对Photoshop的初学者和广大平面设计爱好者编写而成的。全书共安排了8个模块的学习，基本涵盖了Photoshop在日常学习和工作中的实际应用。通过这些内容的学习，读者能够轻松掌握该软件并制作出自己的作品。

本书附赠多媒体光盘，光盘中包括书中所用的素材和源文件，同时还以视频的形式演示各实例操作详细过程，以帮助读者学习。

本书为中等职业学校计算机专业图形图像处理课程教材和社会办学就业培训班实训教材，也适用于已有一定计算机基础的读者自学使用。

图书在版编目(CIP)数据

Photoshop实例教程／王靖主编.—重庆：重庆大学出版社，2012.3

中等职业教育计算机专业系列教材

ISBN 978-7-5624-6454-9

Ⅰ.①P… Ⅱ.①王… Ⅲ.①图像处理软件，Photoshop—中等专业学校—教材 Ⅳ.①TP391.41

中国版本图书馆CIP数据核字(2011)第266403号

中等职业教育计算机专业系列教材

Photoshop 实例教程

主　编　王　靖

副主编　魏雅琴　李　源

策划编辑：王　勇　李长惠　王海琼

责任编辑：文　鹏　姜　凤　　版式设计：黄俊棚

责任校对：姚　胜　　责任印制：赵　晟

*

重庆大学出版社出版发行

出版人：邓晓益

社址：重庆市沙坪坝区大学城西路21号

邮编：401331

电话：(023) 88617183　88617185（中小学）

传真：(023) 88617186　88617166

网址：http://www.cqup.com.cn

邮箱：fxk@cqup.com.cn（营销中心）

全国新华书店经销

重庆升光电力印务有限公司印刷

*

开本：787×1092　1/16　印张：13.5　字数：337千

2012年3月第1版　　2012年3月第1次印刷

印数：1—3 000

ISBN 978-7-5624-6454-9　定价：45.00元（含1DVD）

编审委员会

（以姓氏笔画排序）

序言

根据贵州省教育厅黔教职成[2009]70号文件要求，2009年11月由贵州省贸易经济学校牵头成立贵州省计算机与网络技术职业教育集团，集团是以计算机专业为纽带，由我省相关职业院校和科研院所、企业等单位自愿参加的平等合作、互惠互利的协作组织。集团成员现有64个，其中有3所高职院校、25所中职院校、省内外34个企业和2个专业行业协会，集团与企业签署了合作协议，在人才培养模式、专业建设、课程设置、实训基地建设等方面进行了深度合作。

贵州省教育学会现代教育工作委员会是由贵州省职业教育学会直接领导，省教育厅和民政厅进行业务指导和监督管理，贵州省各类职业院校、有关企业，各地（州、市）及市（区、县）教育行政管理部门、教育信息化职能部门的教育信息化工作者自愿组成的群众性、学术性、非营利性的社会团体。

2010年4月，针对贵州省省职业教育发展特点及需要，集团、研究会组织全省开设计算机专业的学校的教师、相关企业专家对各校的教学及教材进行了研讨，决定组织一批有丰富经验的教师和有实践经验的行业专家编写出版一套中等职业教育计算机专业系列教材，分两批出版，共计16种。其目的是发挥贵州省职业院校和企业的优势，融入贵州省职业教育教学改革的经验，校企结合，打造一套适合贵州省中职学校计算机专业教学的教材。

本套教材的编写以学生为中心，以能力培养为准则，注重学生实际动手能力的培养，注重学生基本素质的培养，按行业需求安排教材内容，以适应新的教学方式和人才培养模式的需要，从而提高学生的职业竞争力。

为了满足学生对计算机技术学习的需求，力求使教材突出以下几个主要特点：

（1）借鉴国外、国内职教较成熟理念，根据贵州职教特点进行本土化，以学生为中心，以能力培养为准则，针对就业的需要安排教材内容，注重学生实际动手能力的培养。

（2）模块划分，任务贯穿。本系列教材将按“模块—任务—操作方法”的方式编写，按实际工作流程划分模块，每个模块由几个具体的任务组成，将理论知识的讲述融入任务的操作过程中。

（3）栏目多样化，激发学生的学习兴趣和主动参与性。在教材中穿插诸如“想一想”“看一看”“做一做”“友情提示”“知识窗”等小栏目，让学生在轻松、互动的环境中学习，及时感受成就感；通过“学习评价”，反馈学生的学习情况和对教学的要求。

（4）立体开发，方便师生。系列教材除纸质教材外，还配套了资源网站、教学课件、教案、教学素材、电子题库及相应的习题答案等，为系列教材使用提供保障，更好地服务于广大师生。

此批教材的编写，立足于贵州省的经济文化发展，是对贵州省职业教育多年教学实践、企业用工经验的沉淀和总结，对贵州省经济文化的发展具有巨大的促进作用。

此批教材的编写得到重庆大学出版社的大力支持，在此深表感谢。

系列教材编委会
2011年10月

前言

Adobe公司出品的Photoshop软件是图形图像处理领域中使用最广的软件，它以功能强大、操作灵活、层出不穷的艺术效果为图形图像设计人员和广大爱好者提供了良好的创作平台，在众多的行业中，尤其在平面设计领域中占主导地位。

Photoshop CS5是Adobe公司在2010年发布的最新版本，增加了以下新功能和文件管理命令：使用混合器画笔工具和硬毛刷笔尖选项获得逼真的绘画描边；使用操控变形功能操作图像；在Photoshop中使用Mini Bridge面板预览和访问图像；使用内容识别填充替换不想要的图像内容；使用“调整边缘”对话框获得复杂的蒙版边缘。这些功能极大地方便了使用者，也再次让其他图形图像处理软件望尘莫及。

为了和大家现在对Photoshop的通用称谓一致，书中用“PS”代指“Photoshop”。

本书是针对PS的初学者和广大平面设计爱好者而撰写的。书中以实例为主，将知识点分化在实例中。本书共有八大模块：模块一学习PS简单的基础知识，并通过车标的绘制，让初学者能一步一步走进软件；模块二学习使用路径工具得到需要的图形，这是PS提供的最重要的造型工具；模块三学习PS的色彩调整功能；模块四学习文字的基础排版及特效制作；模块五学习抠图和融图，通过图片的组合进行再创作；模块六学习对照片的处理，这里包括对有瑕疵的照片进行修整和进行艺术修编；如今PS已广泛地运用在动漫创作之中，因此模块七中学习制作酷炫背景及手绘技术；模块八学习成果的输出技术，了解打印和印前处理的相关知识。

此外，我们将可能会在使用时需要查询的一些知识放在附录中：如PS的快捷键，常用的图像格式，印刷时使用的各种纸张，希望能为你提供方便。

本书每一个模块的都由【基本任务】【牛刀小试】和【我创作、我快乐】三个部分组成，在【基本任务】中，将本模块的知识分解到小实例中，一步一步引导大家学习、掌握，对于有基础的学习者来说，也许会感到烦琐，但这些基础操作训练对于一个新手的成长是非常有意义的。【牛刀小试】带给大家具有一定综合性的实例，其中将会用到较多的技巧。在前面几个模块中，这部分的操作都较详细，后面随着大家的熟练程度的提高，表述也将越来越简洁。【我创作、我快乐】是留给学习者快乐创作的，我们提供素材、也给出提示和样图，你可以照着样图制作，也可以按自己的想法去创作。

本书附赠多媒体光盘，其中包括实训素材和教学视频。

本书由王靖担任主编，魏雅琴、李源担任副主编，其中模块四、五由魏雅琴老师编写，模块三由李源老师编写，模块一、二、六、七、八由王靖老师编写。在本书的编写过程中，得到了贵州省职业教育学会现代教育技术研究会，贵州省计算机与网络技术职业教育集团、重庆大学出版社、贵州省贸易经济学校、贵阳市经济贸易中等专业学校等诸多老师和同仁的帮助，特此鸣谢！

由于作者时间有限，书中难免有不妥之处，敬请读者批评指正。

编　者

2011年6月

Contents

目录

模块六 摄行天下——照片处理及综合技巧

模块七 超炫酷图——酷炫及手绘效果

模块八 设计与输出——PS与平面设计

附 录

模块一 初识Photoshop
——选区和形状工具的使用

【模块综述】

在运用PS前，首先需要了解一些平面设计的基础知识，以及PS运行所需要的计算机基础配置；在认识PS的同时，为了便于自己的使用，还将对PS软件进行个性化的优化设置。本模块将带你进入PS的基础操作，让我们从零开始，一步步进入PS的奇妙之旅。

模块目标：

- **基础知识准备**

学习设计所需要的基础知识：掌握位图与矢量图、图形格式、分辨率、色彩模式等基础概念。

- **Photoshop的运行准备**

了解PS运行所需的硬件环境，学习PS的个性化设置，以便自己使用。

- **基础图形的绘制与填充**

通过著名车标的绘制，让学生了解PS的基本操作，掌握“形状”工具、“选区”工具的简单使用。

任务一　准备基础知识

1.位图与矢量图

这是一张用矢量绘制软件绘制的矢量图

这是矢量图局部放大6 400倍后的效果

这是该图转为位图后局部放大1 600倍后的效果

图1.1

✲ 位图：又称点阵图。位图由许多像素点组成，每个像素点记录一种色彩信息。当位图放大到一定倍数后，可以较明显地看到一个个方形色块，每一个色块就是一个像素，只能显示一种颜色，这时的图像也出现了锯齿边缘和马赛克效果，如图1.1右图所示。

✲ 矢量图：又称为向量图，由线条和图块组成，它以数学的矢量方式来记录对象，因此大小只与图像的复杂程度有关。矢量图必须通过矢量设计软件（如CorelDraw和Adobe Illustrator）生成。矢量图中图形的组成元素称为对象，无论矢量图放大多少倍都不会产生锯齿或模糊，在任何输出设备及打印机上都可以以该机器的最高分辨率打印输出。矢量图所占容量小，常用于图案设计、文字设计、标志设计和版式设计。

2.分辨率

分辨率是指图像单位长度上像素点的多少。像素点越多，图像越清晰，同时图像也就越大。

✲ 分辨率常用的度量单位是像素/英寸*，用“dpi”表示，俗称“线”。

✲ 分辨率可指图像或文件的细节和信息量，也可指输入、输出或显示设备能够产生的清晰度等级，如数码相机的拍摄像素、打印机的输出线数等。

✲ 处理位图时，分辨率的大小会影响最终文件的质量和大小。

*1英寸=2.54厘米。

⁎ 用于印刷的图像分辨率通常不能小于300 dpi。

⁎ 计算机屏幕的分辨率是72 dpi，分辨率大的图像在屏幕上会显示得比较大。

3.PS常用的文件格式

当打开和保存一个图形文件时，都要注意它的格式。特别是保存时，不同用途的文件需要保存不同的格式，而错误的文件格式将会导致文件不可用或丢失很多信息。

⁎ PSD格式：是PS软件的专用格式,它能保存图像的层、通道和路径等信息，但文件数据量比较大，兼容性较差。

⁎ JPEG格式：简称为JPG，是一种较常用的有损压缩技术，是所有压缩格式中兼容性最好的。它主要用于图像预览及网页文档。

⁎ GIF格式：能存储背景透明化的图像格式，只能显示256种颜色，可支持动画效果，常用于网络传输，QQ表情多是这种格式的文件。

4.常用的色彩模式

色彩模式是将色彩用数据来表示的一种方式，正确的色彩模式可以使图形图像在屏幕或印刷品上正确地呈现。

⁎ RGB模式：是一种加色模式，3种颜色各有256个亮度水平级，共有256×256×256=1 670万种颜色的可能，可表现出绚丽多彩的世界，故RGB也称真彩色模式。计算机屏幕就是采用RGB颜色模式。其中R（Red）代表红色，G（Green）代表绿色，B（Blue）代表蓝色。

⁎ CMYK模式：是一种减色叠加模式，颜色叠加越多得到的颜色越暗，为减色混合法。 其中C（Cyan）代表品青，M（Magenta）代表品红，Y（Yellow ）代表黄色，K（Black）代表黑色。对于一般印刷物，必须一层一层地将青色、红色和黄色叠加在印刷品上而得到需要的颜色，同时由于这些颜色无论怎样叠加都只能得到深灰色，故黑色部分必须用专用的黑墨印刷，因此有了K通道。CMYK模式因而也称印刷色模式。

【小贴士】

⁎ 每一台显示器的色彩调试都会不一样，如果你希望在显示器上看到的图与印刷出来的成品更接近，就需要用专用软件进行调整。

⁎ 如果印刷物上有金色、银色这些特殊的颜色，在制作时还必须建立这个特殊色的专用通道，称为专色通道。

任务二　准备运行PS

了解PS对计算机的硬、软件的运行环境要求及辅助设备配置，并通过设置首选项和快捷键，使操作PS更方便，更符合个人使用习惯。

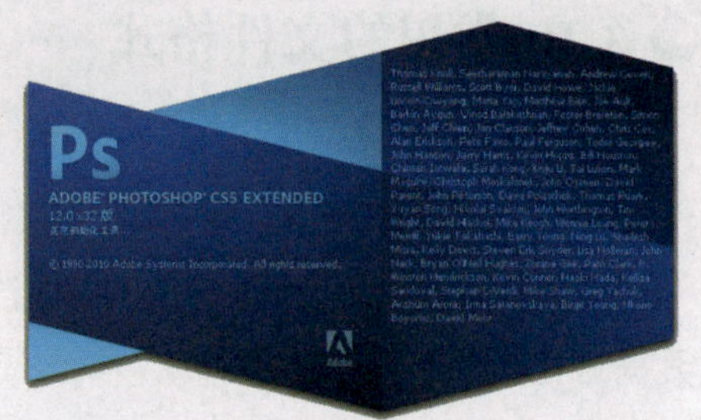

图1.2

1. PS的软、硬件环境和辅助设备

以下是官方公布的Photoshop CS5的配置要求，一般计算机都能支持：

Windows操作系统	Mac OS操作系统
Intel Pentium 4 或 AMD Athlon 64 处理器	Intel 多核处理器
Microsoft Windows XP或 Windows 7	Mac OS X 10.5.7 或 10.6 版
1 GB 内存	1 GB 内存
1 GB 可用硬盘空间用于安装;安装过程中需要额外的可用空间	2 GB 可用硬盘空间用于安装;安装过程中需要额外的可用空间
1 024×768 屏幕(推荐 1 280×800)，配备符合条件的硬件加速 OpenGL 图形卡、16 位颜色和 256 MB VRAM	1 024×768 屏幕(推荐 1 280×800)，配备符合条件的硬件加速 OpenGL 图形卡、16 位颜色和 256 MB VRAM
某些 GPU 加速功能需要 Shader Model 3.0 和 OpenGL 2.0 图形支持	某些 GPU 加速功能需要 Shader Model 3.0 和 OpenGL 2.0 图形支持
DVD-ROM 驱动器	DVD-ROM 驱动器
多媒体功能需要 QuickTime 7.6.2	多媒体功能需要 QuickTime 7.6.2

计算机准备好后，如果需要制作一些手绘效果或收集更多的图片资料，还需要准备数位板、扫描仪和数码相机。

✳ 数位板：又名绘图板、绘画板、手绘板，等等，通常是由一块板子和一支压感笔组成。数位板用于绘画创作，就像画家的画板和画笔，在动漫电影中常见的逼真画面和栩栩如生的人物，据说就是通过数位板一笔一笔画出来的。数位板的绘画功能，是键盘和手写板无法媲美的。Wacom是专业数位板产品的首选，不过价格不菲。对于我们来说，凡拓、友基也是不错的选择。如图1.3所示。

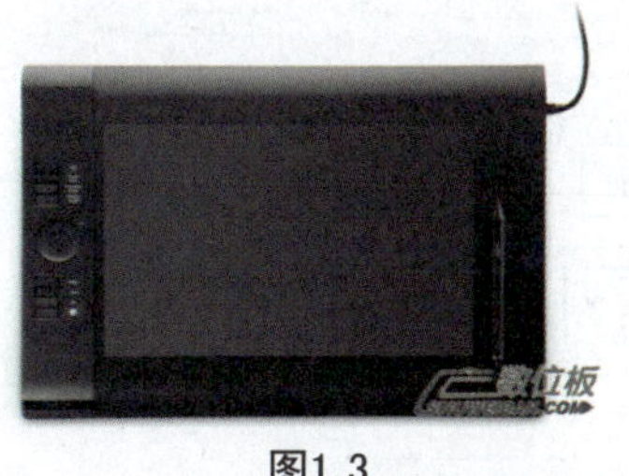

图1.3

图1.4

✲ 扫描仪：是一种计算机外部输入设备，捕获图像并将其转换成计算机可以显示和编辑的对象。照片、文本页面、图纸、美术图画、照相底片、菲林软片等都可作为扫描对象。纸质的独特质感是数字模拟技术暂时无法替代的，可在纸上画好草图，扫描入计算机，用软件上色渲染，这样更好地发挥优势，提高效率。如图1.4所示。

✲ 数码相机：鉴于数码相机的普遍运用，这里将不再赘述。在Photoshop CS5中增强了对照片的处理功能，将在模块六中详细介绍。

2.PS CS5界面介绍

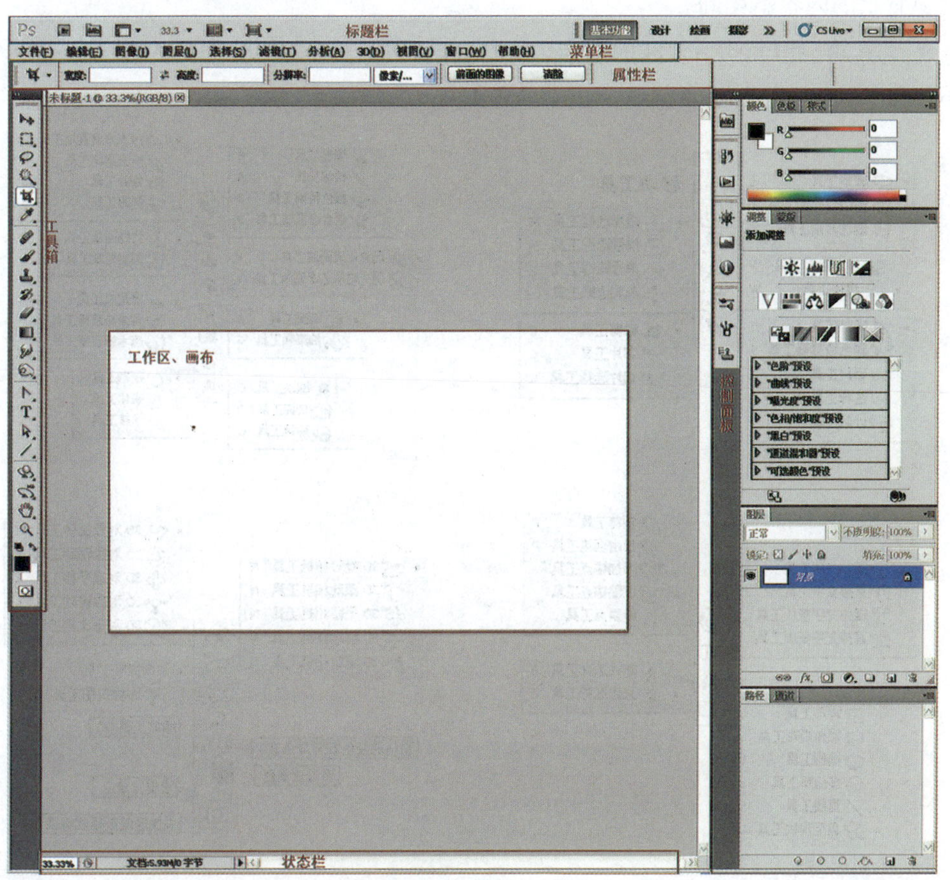

图1.5

⚹ 标题栏：PS CS5标题栏的前半部分依次是：

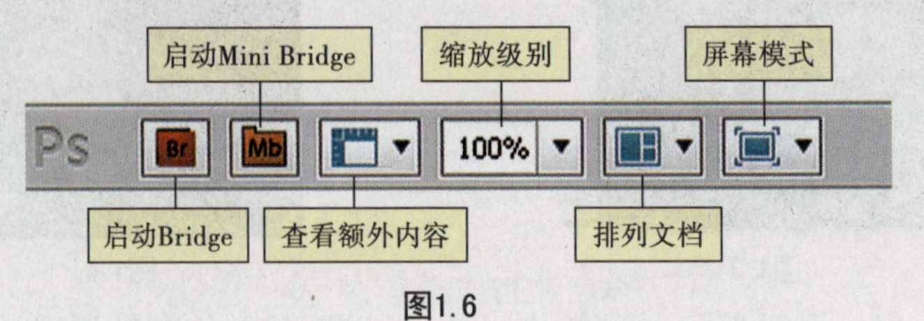

图1.6

标题栏的后半部分首先是“选择工作区”，这是PS自带的几个预置面板状态，适合于不同类型的工作流程。CS Live为我们提供了一些帮助和说明。如图1.7所示。

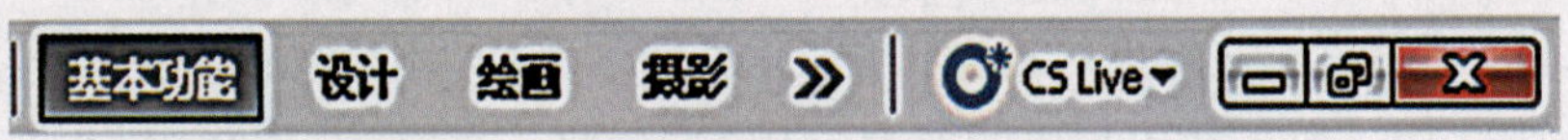

图1.7

⚹ 菜单栏：PS CS5有11组菜单命令，其中“分析”“3D”为新增加的命令。

⚹ 属性栏：用于控制工具箱中工具的参数以及选项设置。当选取不同的工具时，属性栏中显示的内容不相同。

⚹ 工具箱：是学习PS软件的重点，其中包括4组工具，大部分工具的右下角有一个黑色小三角，点开后有隐藏的工具，如图1.8所示。

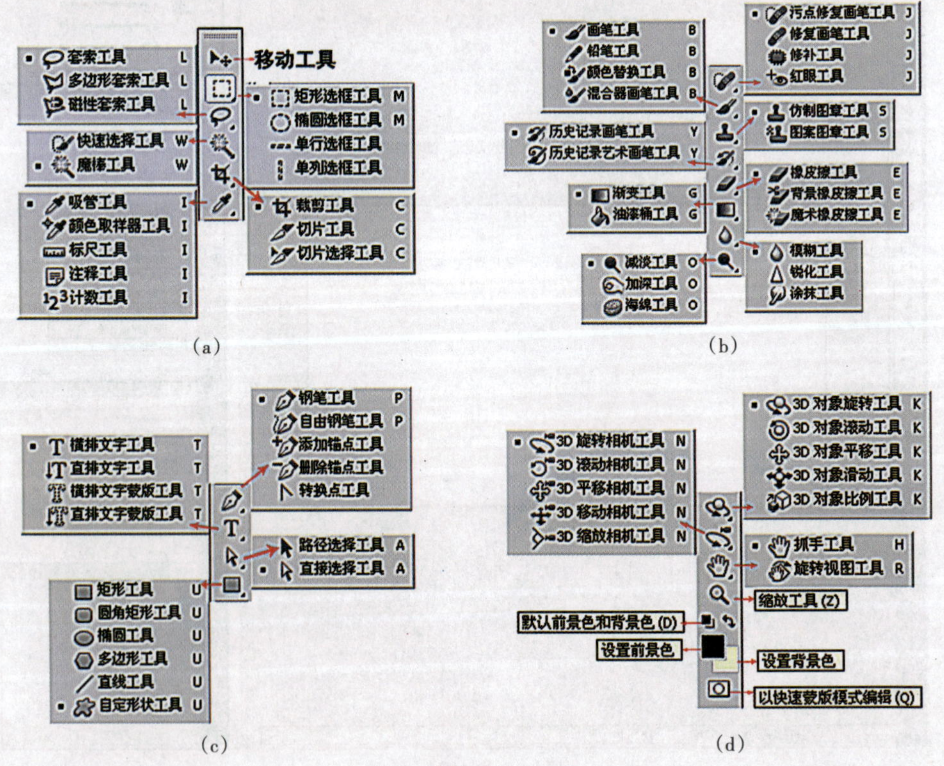

(a) (b) (c) (d)

图1.8

✲ 状态栏：状态栏位于界面窗口的最底部，显示当前图像的状态和操作命令的相关信息。

✲ 控制面板：主要用于控制图像的色彩、显示、样式以及相关操作等，控制面板可以通过“窗口”菜单打开或关闭。在PS的一些操作中，控制面板中的设置相当重要。

✲ 工作区：工作区即是画布，在打开文件时也是图像窗口，作品处理、图形绘制及图像编辑都将在此进行。

3.设置个性化的PS

为了让PS运行更加顺畅，使之更加符合个人习惯，可对PS先做一系列的优化设置。运行PS CS5，按“Ctrl+K”快捷键或选择菜单命令：“编辑”→“首选项”→“常规”，打开“预设”对话框，进行预设，如图1.9所示。

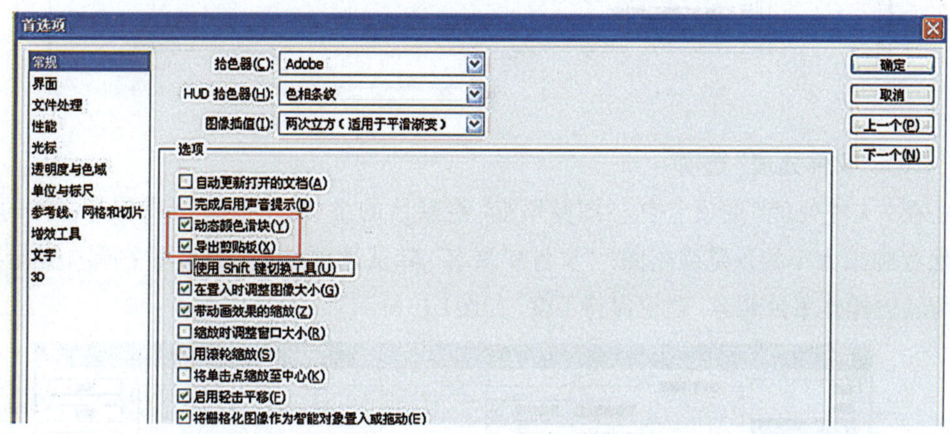

图1.9

(1)“常规”选项

✲ 动态颜色滑块：禁用该选项时，颜色面板的调节色条只能显示一种颜色，如图1.10所示。勾选后，颜色面板的调节色条会出现当前色彩调节所得到的预览效果，如图1.11所示。

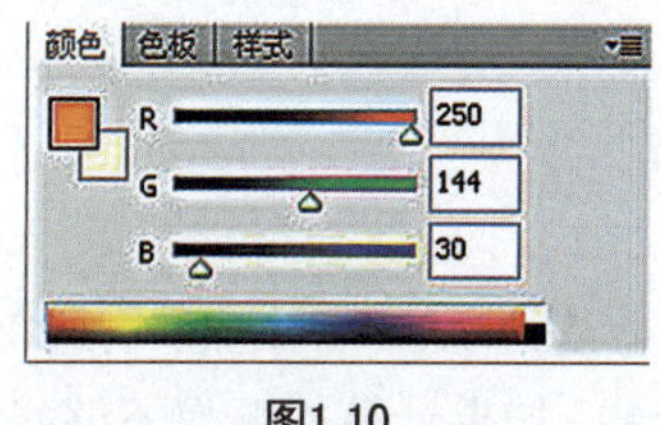

图1.10

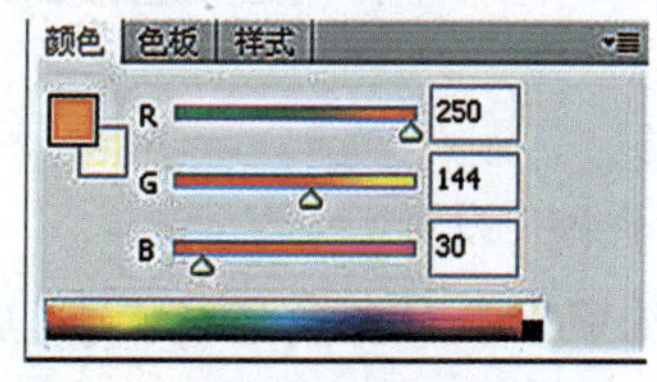

图1.11

✲ 导出剪贴板：该选项允许在PS中复制的像素保留在系统剪贴板上，因而在PS关闭时能够继续在其他程序中调用。

（2）“界面”选项

在“界面”的常规选项栏中，一般勾选“用彩色显示通道”“显示菜单颜色”“显示工具提示”。启用“用彩色显示通道”可以使我们清楚地看到RGB或CMYK通道的色彩；“显示菜单颜色”用以显示自定义菜单的色彩属性；勾选“显示工具提示”后，当光标停留在工具上时，将显示出工具的名称和相应的快捷键，如图1.12所示。

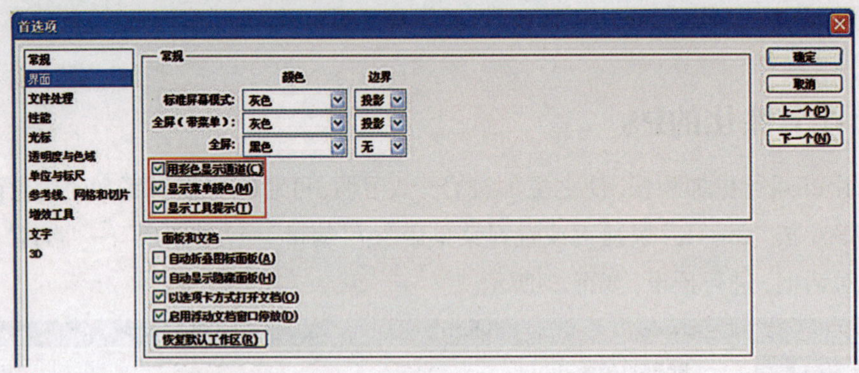

图1.12

（3）“文件处理”选项

在“文件处理”选项卡中，“图像预览”栏默认的是“总是存储”，即保存文件的同时将保存邮票大小的预览缩略图；“文件扩展名”默认选项是“使用小写字母”，这样能保证与其他操作平台兼容，建议保持不变，如图1.13所示。

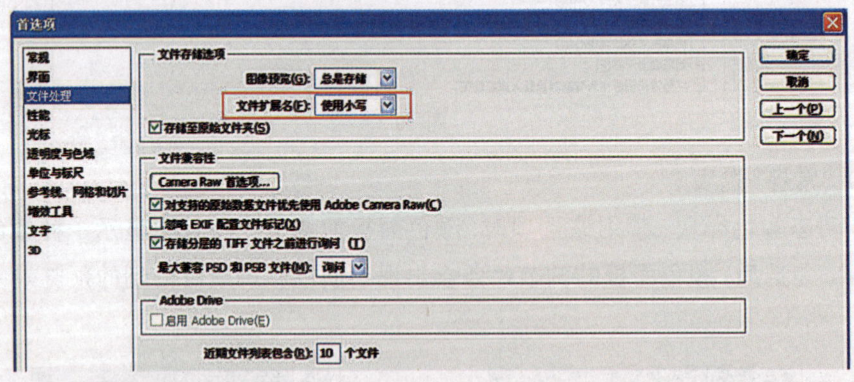

图1.13

（4）“性能”设置

在此选项卡中，“历史记录状态”后面的数字是20，表示可以后退20步操作，通常将其设为50或100甚至更高，这是以牺牲内存为代价的。如果计算机配置不够好，还是不要设置太高。暂存盘一般默认的是C盘，由于PS的运行需要较大的空间，所以需要再勾选其他的盘，如D盘、E盘，在图1.14中，E盘还有较大的空间，因此把它设为暂存盘。

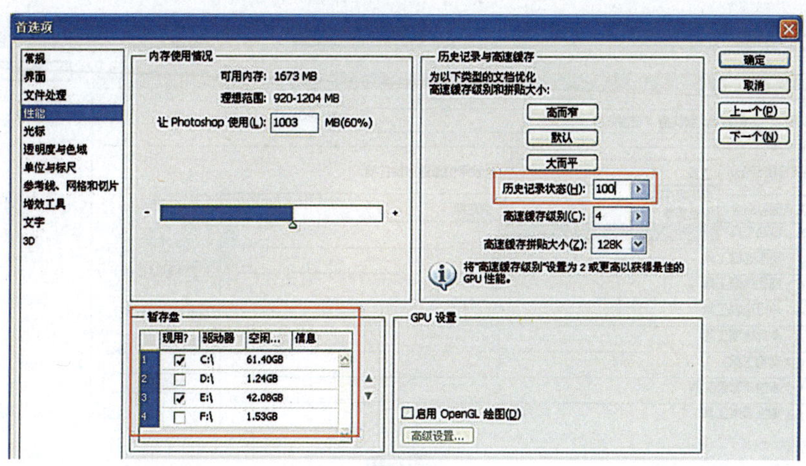

图1.14

（5）“单位与标尺”设置

在这一选项中，默认的标尺单位是“厘米”，文字单位是“点”，这里不需要作更改，但要知道，如需要使用其他单位，可到这里做更改。如图1.15所示。

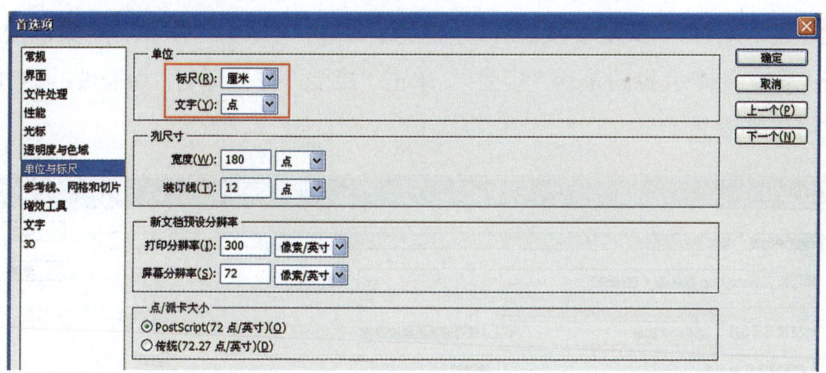

图1.15

4.快捷键的设置

PS中的工具和操作都有许多快捷方式，这些快捷方式在使用时都会有提示，经常用就能记住。同时也可以依据自己的习惯设置快捷键方式。

【试一试】在Word中，快捷键“Ctrl+Z”用作撤销操作；而Photoshop中快捷键“Ctrl+Z”既是撤销，也是重做，即第一次按作撤销操作，接着按下第二次则恢复了刚才撤销的操作，使我们很不习惯。这里可通过快捷键的重设让快捷键“Ctrl+Z”回到常用的习惯中来：

①按“Alt+Shift+Ctrl+K”组合键打开“键盘快捷键和菜单”对话框，如图1.16所示。

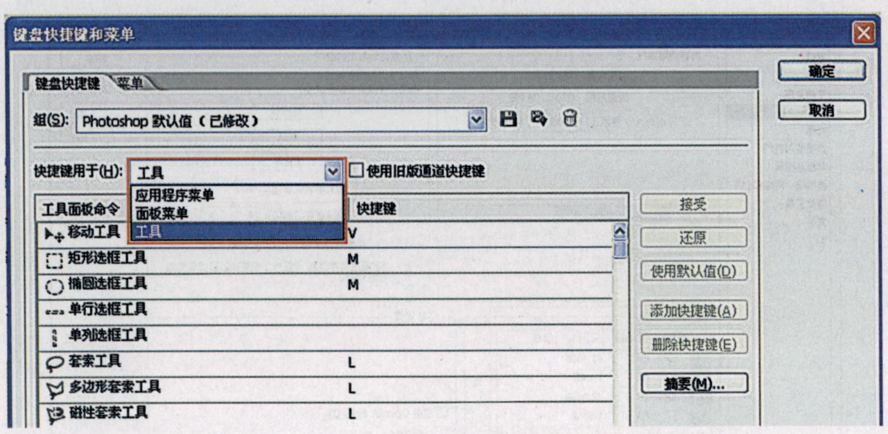

图1.16

②在“快捷键用于（H）”选项中，选择“应用程序菜单”，单击打开“编辑”的折叠选项，选中“还原/重做”后的“Ctrl+Z”，将其删除，选中并“前进一步”的快捷键设置项，按下键盘“Ctrl+Y”设置好；选中并删除“后退一步”的快捷键设置项，按下键盘“Ctrl+Z”快捷键，设置之后如图1.17所示。这样就可以用快捷键“Ctrl+Z”撤销多步操作，用快捷键“Ctrl+Y”恢复多步操作。（注意：PS中“Ctrl+Y”默认是“颜色校样”的快捷键，所以系统会提示我们是否“接受”，单击“接受”按钮即可。如需要，“颜色校样”的快捷键可另外设置）

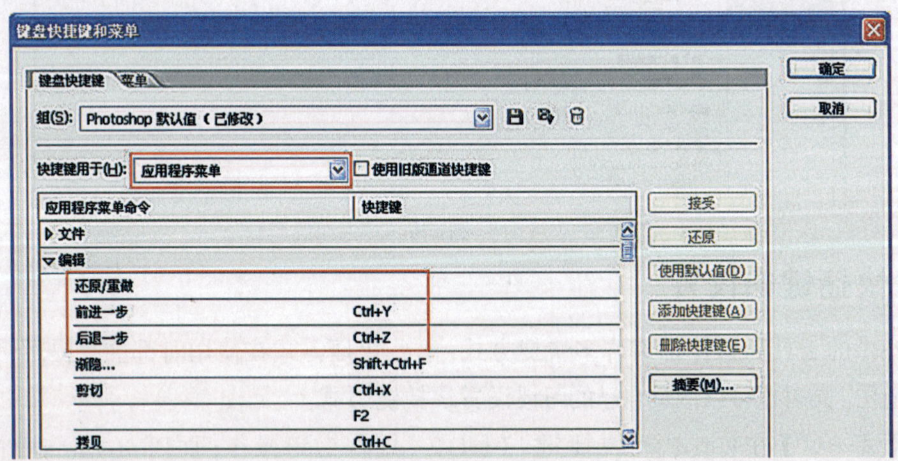

图1.17

【提示】

高手作图常让观看的人眼花缭乱，主要是用了较多的快捷键，在附录3中列出了PS的大部分快捷键以供查阅。

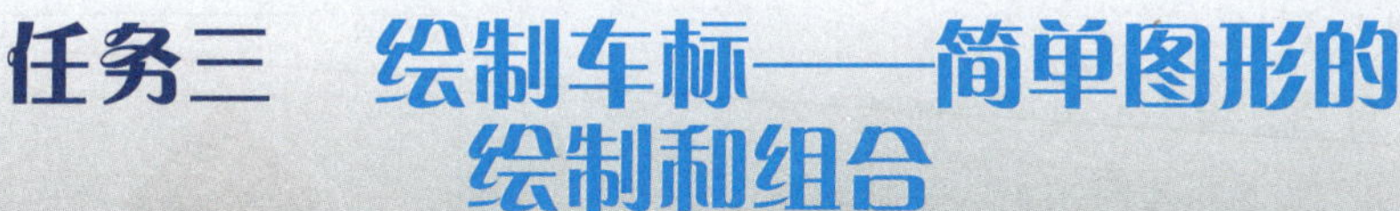

任务三 绘制车标——简单图形的绘制和组合

本任务通过图层、选区和图形路径工具等绘制简单的标志，学习PS基本操作，了解PS的一般工作流程。

1.三菱车标的绘制

主要知识点：“矩形选框”工具，前景色填充，图层的新建与复制，变形工具，文字工具。

【效果图】

图1.18 效果图

【做一做】

（1）新建文件：执行“文件”→“新建”命令或按快捷键“Ctrl+N”，在弹出的对话框中设置文件宽度为800像素，高度为600像素，分辨率为72像素/英寸，颜色模式为RGB，背景为白色，单击“确定”按钮，如图1.19所示。

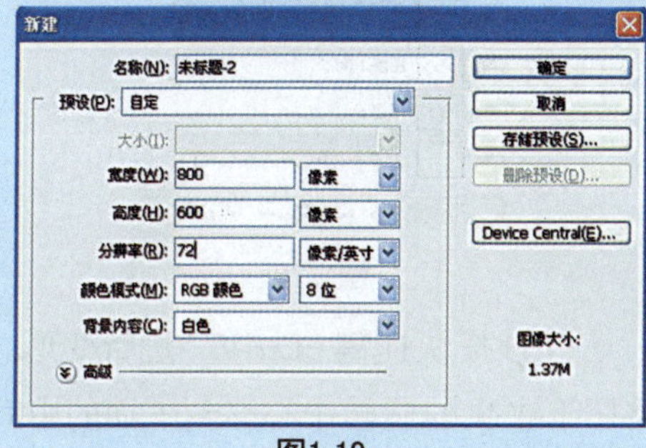

图1.19

（2）单击图层面板上的“新建图层”按钮，生成“图层1”，如图1.20 所示。

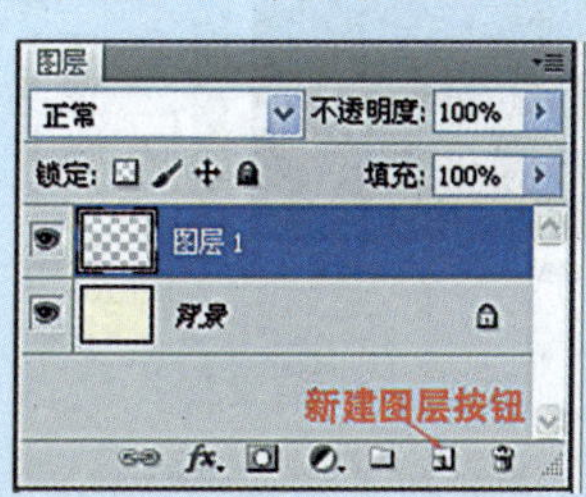

图1.20

【小技巧】

图层就像一张张透明的纸，将不同的图形画在不同的纸上，一旦需要修改，选中该图层就非常方便。

（3）选择“矩形选框工具”（快捷键“M”），将鼠标移到画布中，按下“Shift”键，同时按下鼠标左键向右下拖动，画出一个正方形的选框，如图1.21所示。

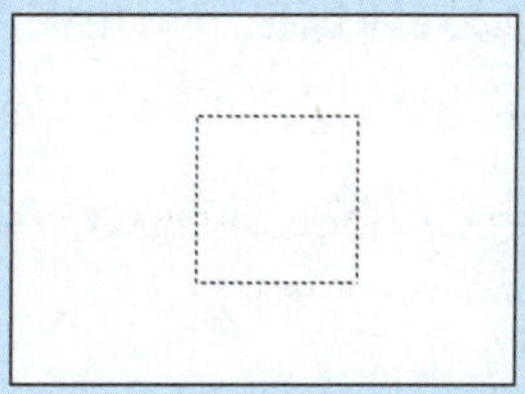

图1.21

【小技巧】

在使用“选框”工具、“椭圆”工具和“形状”工具，画图形时，同时按下“Shift”键可令所画图形为正方形或正圆，如同时按下“Alt”键，则将以按下鼠标时光标所在位置为中心点生成图形。

(4)单击“前景色”按钮，在打开的拾色器中设置为红色(R255，B0，G0)并确定，如图1.22所示。

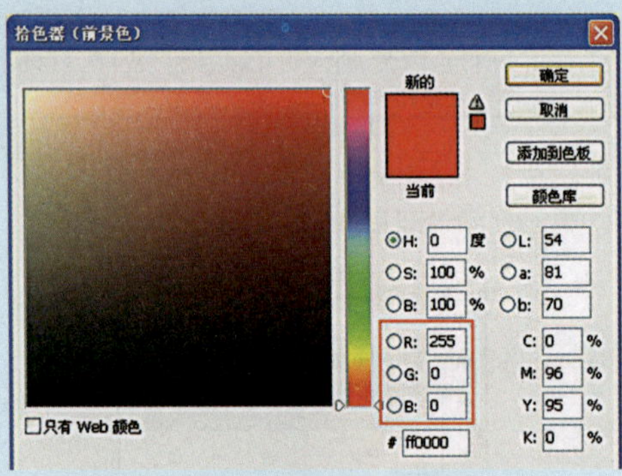

图1.22

(5)同时按下快捷键“Alt+ Delete”，填充前景色红色，按快捷键“Ctrl+D”取消选区，如图1.23所示。

图1.23

(6)按下快捷键“Ctrl+T”对图形进行变形。设置属性栏中的角度为45°，按下“Enter”键确定，如图1.24所示。

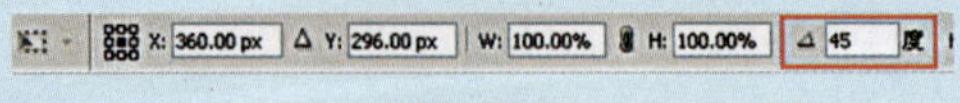

图1.24

(7)所得图形如图1.25所示。

图1.25

(8)再次按下快捷键“Ctrl+T”，设置属性栏中的W为50%，按“Enter”键确定，如图1.26所示。

图1.26

(9)所得图形如图1.27所示。

图1.27

(10)用“移动”工具将图形移到画布中间偏上的位置。

(11)按快捷键“Ctrl+J”复制生成“图层1副本”。

(12)再按快捷键“Ctrl+J”得到“图层1副本2”，如图1.28所示。

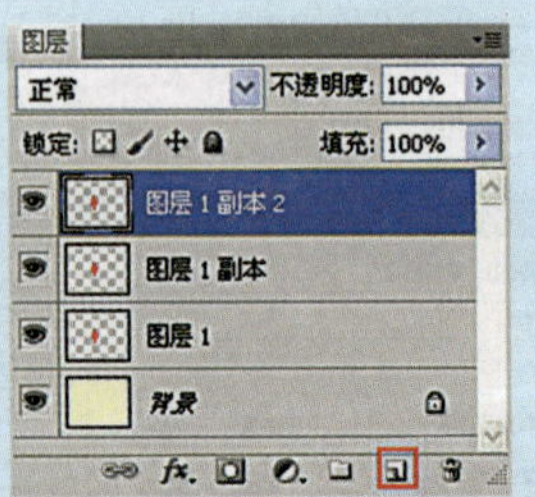

图1.28

(13)按快捷键“Ctrl+T”进行变形，将图形中央的旋转中心移到下面的中间

点上，设置属性栏中的角度为115°，按“Enter”键确定，如图1.29所示。

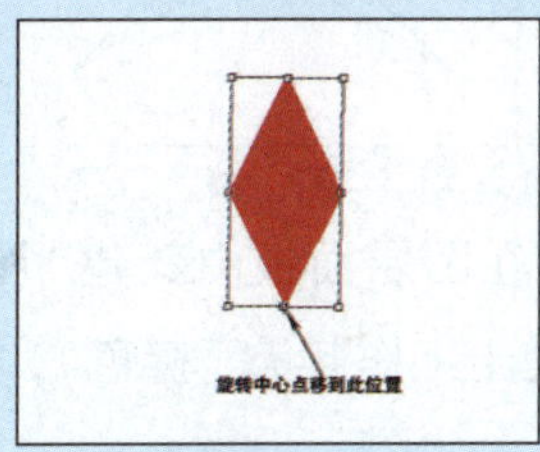

图1.29

（14）所得图形如图1.30所示。

图1.30

（15）选中“图层1”，按快捷键“Ctrl+T”后将图形中央的旋转中心移到下面的中间点上，设置属性栏中的角度为-115°并确定，得到的图形如图1.31所示。

图1.31

（16）选择“文字”工具，将字体设为“方正美黑简体”，字号为20，颜色为黑色，在标志左下角按下鼠标左键向右下拖动画出一个文本框，并在其中输入文字“MITSUBISHI”，完成该作品。

（17）将作品保存在自己的文件夹下，名称为“三菱标志.psd”。

【小技巧】

在PS的制作中，常常需要对已输入的文字进行再次编辑，如果在输入文字时先画出文本框，这时修改和排版就会变得容易，特别是对大段的文字。

2.雪铁龙车标的绘制

主要知识点：“矩形路径”工具，路径变形，直接选取工具，路径填充。

【效果图】

图1.32

【做一做】

（1）新建文件：单击菜单命令“文件”→“新建”或按快捷键“Ctrl+N”，在弹出的对话框中设置文件大小为800×600像素，分辨率为72像素/英寸，颜色模式为RGB，背景为白色，并单击确定。

(2)选择“矩形”工具(快捷键“U”),在属性栏中点选“路径”按钮(“矩形”工具相关知识见“知识窗”),如图1.33所示。

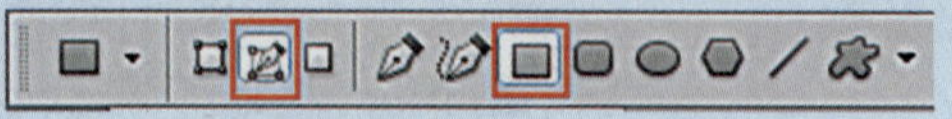

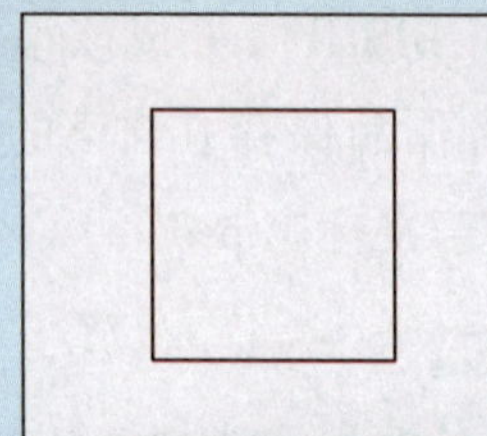

图1.33

(3)将鼠标移到画布中,按下“Shift”键,同时按下鼠标左键向右下拖动,画出一个正方形,如图1.34所示。

图1.34

(4)单击菜单命令“编辑”→“变换路径”,并在属性栏中将旋转角度设为45,如图1.35所示。

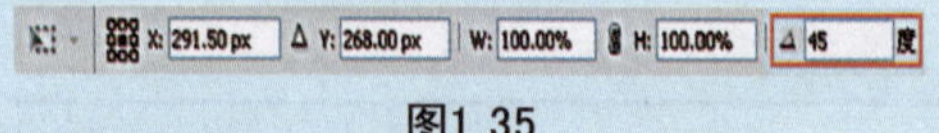

图1.35

(5)旋转后,路径形状为菱形,如图1.36所示。

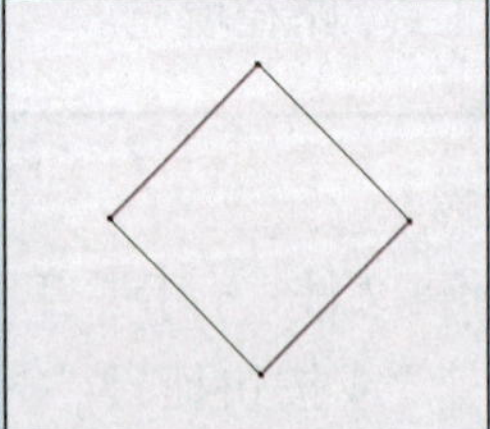

图1.36

(6)点选“路径选择”工具下的“直接选择”工具,单击并选中菱形路径下端端点,将此端点上移,如图1.37所示。

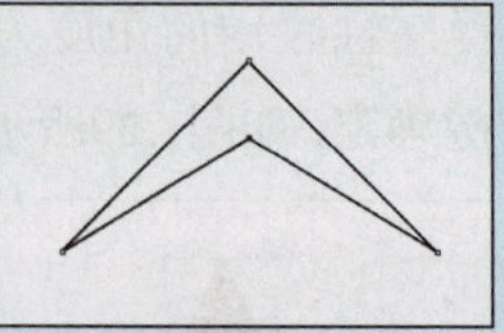

图1.37

(7)在图层面板中新建“图层1”,并使之处于工作状态(蓝色),如图1.38所示。

图1.38

(8)打开路径面板,用路径选择工具选中上图中的路径,按快捷键“Ctrl+C”将路径复制,再按快捷键“Ctrl+V”将其粘贴。用键盘上的下移键将复制的路径下移,如图1.39所示。

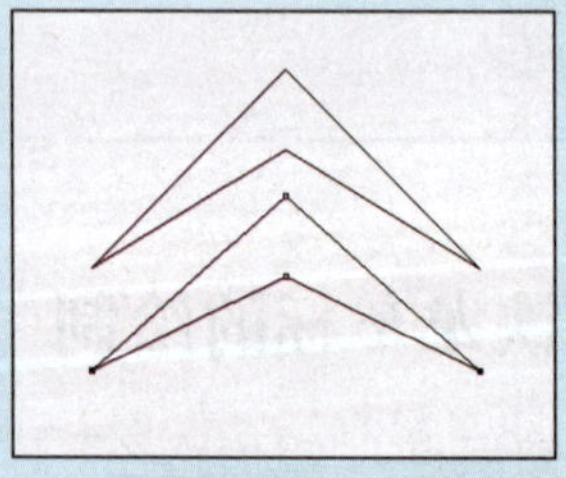

图1.39

(9)将前景色设为黑色,打开路径面板,单击“路径填充”按钮,填充后如图1.40所示。

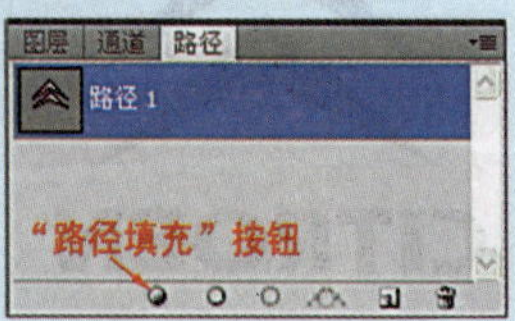

图1.40

(10)在路径面板的空白处单击，取消对路径的选取，打开图层面板，以便观察，效果如图1.41所示。

(11)选择“文字”工具，设置字体为Eras Bold ITC，字号为80，在该标志下面输入文字“CITROEN”，这时在图层面板中生成一个新的文字层。

(12)将作品保存为“雪铁龙标志.psd”。

图1.41

【知识窗】

选择“矩形”工具及其下的形状工具时，属性栏的第一项即有3种模式，如图1.42所示。

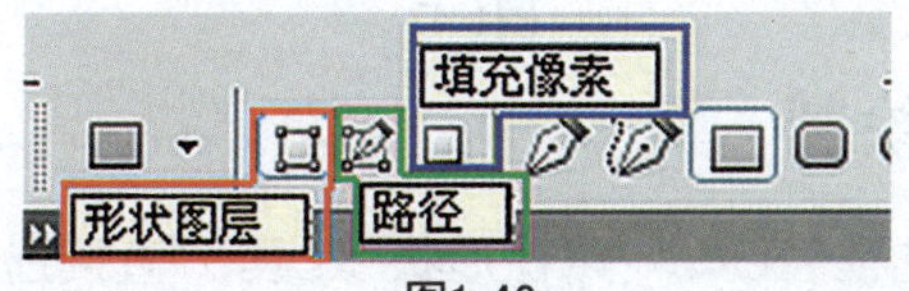

图1.42

第一种为“形状图层”模式。这时在画布上画画，会生成一个由矢量蒙版构成的图形，图层面板上也会生成一个新的矢量蒙版层，如图1.43所示：左图为所绘图形，右图为绘制之后图层面板的状况。

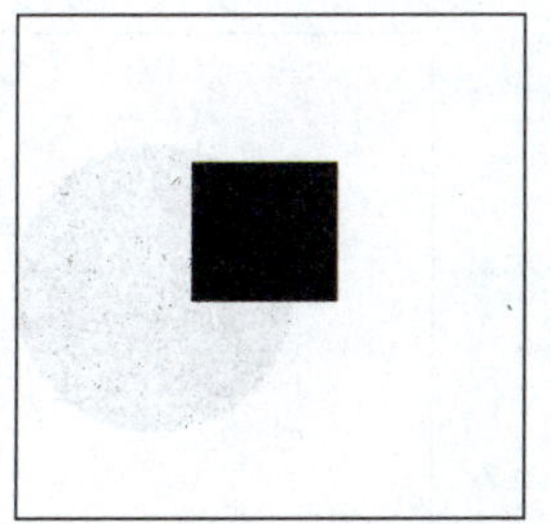

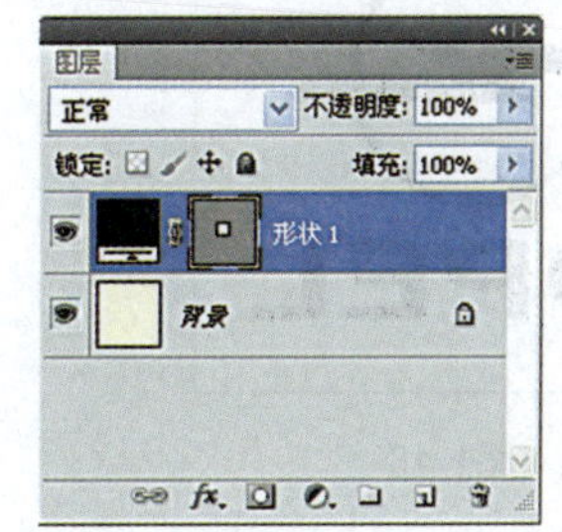

图1.43

第二种为“路径”模式。这时画出来的形状只是辅助设计的路径，路径是矢量的，便于编辑和造型，但路径并不真正在画布上生成像素，而是存在于路径面板中，要转化为像素还需要填充或描边：图1.44为画布上绘制路径，图1.45为当时的图层面板，上面没有任何颜色像素，图1.46为路径面板。注意：如果取消路径面板中对工作路径的选取（在路径面板空白处单击），将看不到图1.44中的形状。

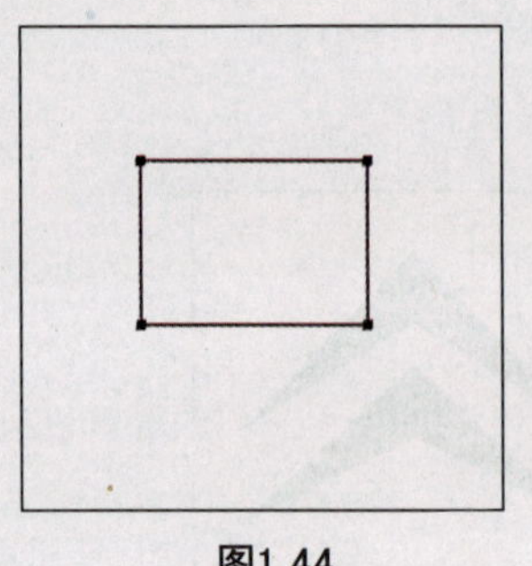

图1.44

图1.45

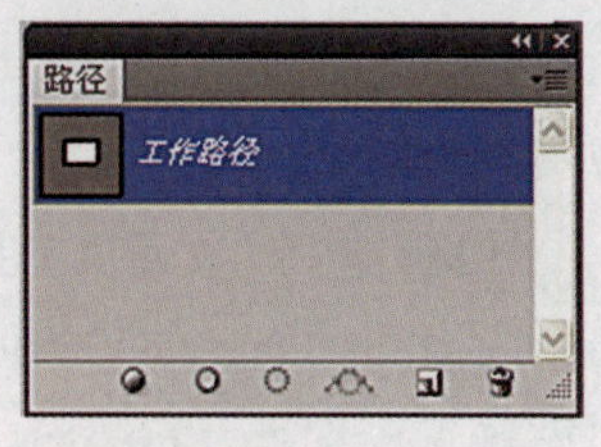

图1.46

第三种为“填充像素”模式。这时我们所绘的图形才真正生成在画布上，也表现在图层中，如图1.47所示。

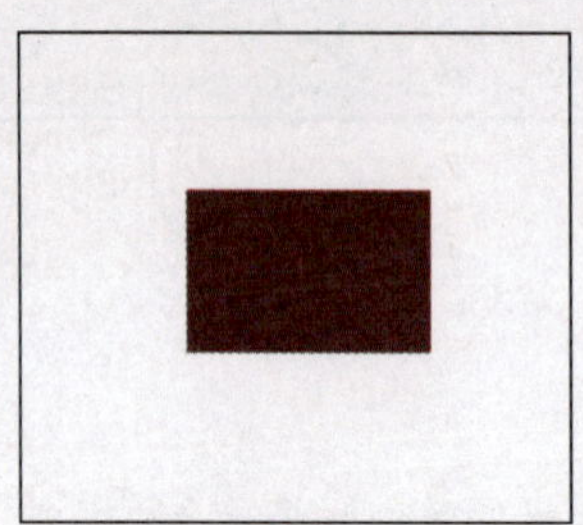

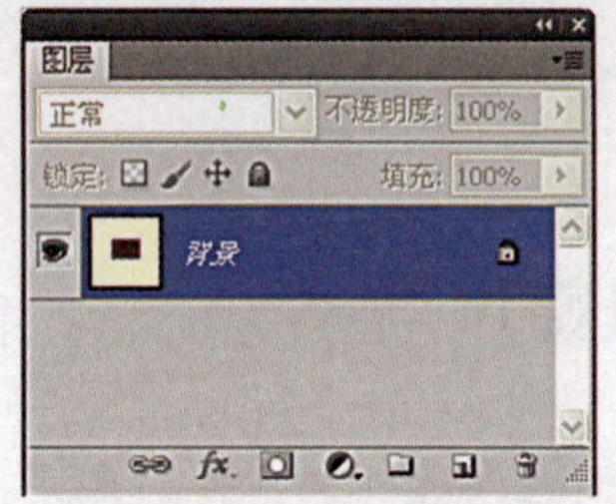

图1.47

3.OPEL车标的绘制

主要知识点：“椭圆选框”工具，“路径形状”工具，“直接选取”工具，路径填充。

【效果图】

图1.48

【做一做】

(1) 新建文件为600×600像素，分辨率为72像素/英寸，颜色模式为RGB，背景为白色。

(2) 新建“图层1”，用椭圆选框工具，同时按下“Shift”键，在画布中画一正圆。设置前景色为黑色并填充，如图1.49所示。

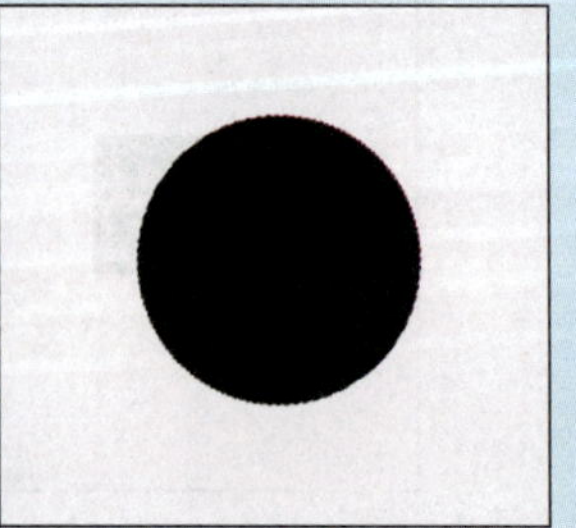

图1.49

(3) 执行菜单命令“选择”→“变换选区”，将鼠标放在变换框的角上，当光标变成双箭头时按下鼠标左键，同时左手按下键盘上的“Shift”和“Alt”键，向

内拖动鼠标，先松开鼠标，再松开左手按的键，按“回车”键确定该操作，如图1.50所示。

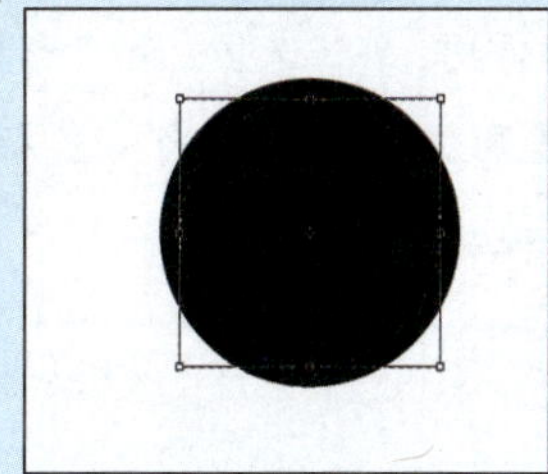

图1.50

（4）按下键盘上的“Delete”键删除圆形的中间部分，按快捷键“Ctrl+D”取消选区，得到圆环，如图1.51所示。

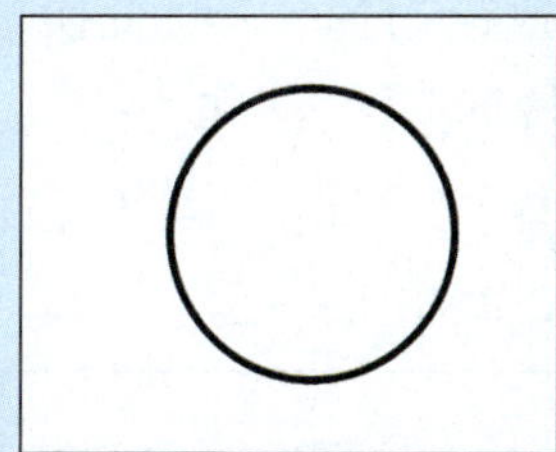

图1.51

（5）新建“图层2”为工作层。

（6）点选“矩形”工具，设为“路径”模式，在圆环上画一矩形，并用“直接选择”工具选择矩形右上角的节点，将其水平向外移动成尖角，打开“路径面板”，单击“路径填充”按钮。在路径面板的空白处单击，取消对路径的选择，得到如图1.52所示的效果。

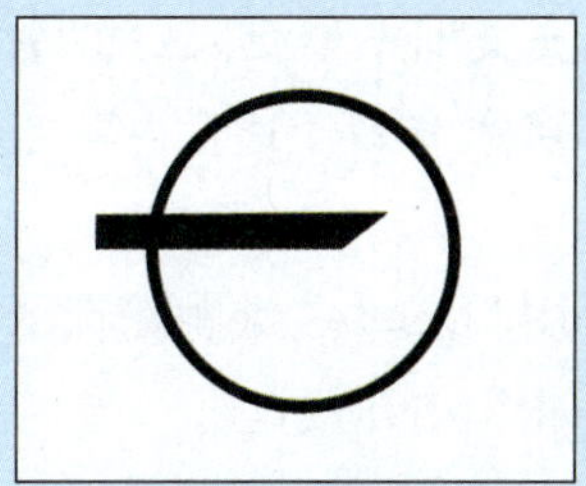

图1.52

（7）按快捷键“Ctrl+J”生成“图层2副本”，如图1.53所示。

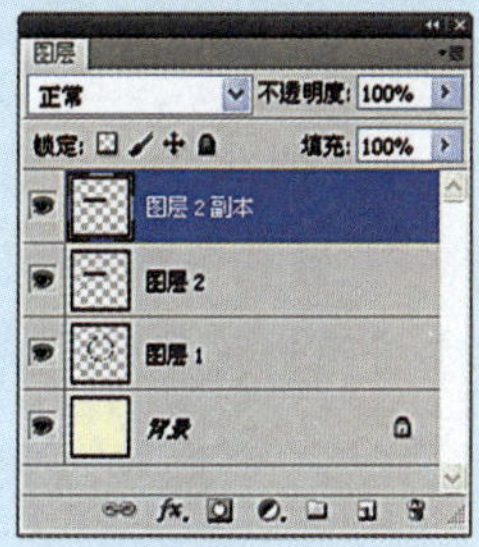

图1.53

（8）执行“编辑”→“变换”→“垂直翻转”。

（9）再执行“编辑”→“变换”→“水平翻转”命令。

（10）选择“移动”工具移动“图层2副本”中的图形位置，如图1.54所示。

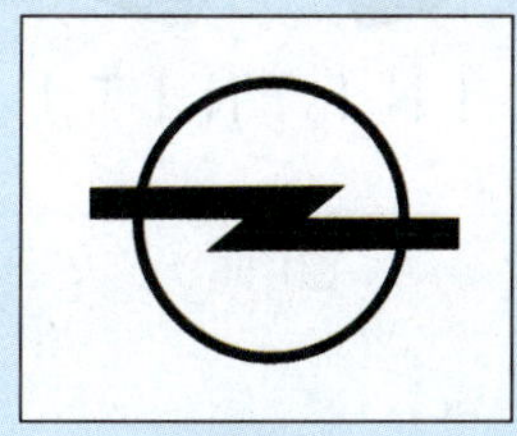

图1.54

（11）用“文字”工具，执行菜单命令“窗口”→“字符”，打开字符面板，将字体、字号等各项设置如图1.55所示，并输入文字“OPEL”。

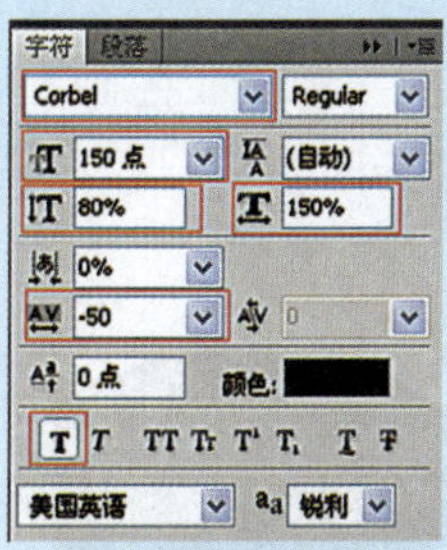

图1.55

（12）将所得图像保存为“OPEL.psd”。

【小贴士】

✲ 在PS的操作中，按“Shift”和“Alt”键有很重要的作用，在“选区”和“形状”的建立中，按“Shift”键确保建立的图形长宽相等，按“Alt”键则保证图形以当前鼠标位置为圆心。因此在将图形同心等比缩放时，一定要按下这两个键。

4.INFITI车标的绘制

【效果图】

图1.56

【做一做】

(1) 新建文件为600×600像素，分辨率为72像素/英寸，颜色模式为RGB，背景为白色。

(2) 新建“图层1”，设置前景色为黑色，用“椭圆”工具并在属性栏中设置为“填充像素”模式，在画布中央画一椭圆，如图1.57所示。

图1.57

(3) 用“魔棒”工具点选黑色区域，得到选区。

(4) 执行“选择”→“变换选区”命令，同时按下“Shift”和“Alt”键，将选区向内收缩，按“回车”键确定后将选区略向上移，如图1.58所示。

图1.58

【小技巧】

在使用“选框”工具“套索”工具“魔棒”工具时，在属性栏中的第二项依次是“新选区”“添加到选区”“从选区减去”“与选区交叉”4个按钮，点选“新选区”按钮，再将光标放于选区内即可移动该选区。

(5) 用“Delete”键删除选区中的黑色部分，如图1.59所示。

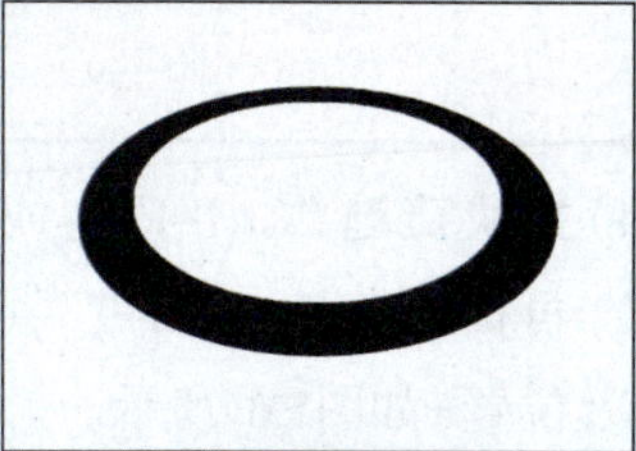

图1.59

（6）新建“图层2”，选择“多边形”工具，在属性栏中选择“填充像素”模式，边数设为3，画一个黑色三角形，如图1.60所示。

图1.60

（7）执行“Ctrl+T”命令，将光标放在控制框底边上，按下鼠标向上拖动，将图形向上收缩。如图形过宽，则将鼠标放在右边中间的控制框上，按下“Alt”键向中心收缩，使三角形下边在椭圆形之内，调整好后，按回车键确定，如图1.61所示。

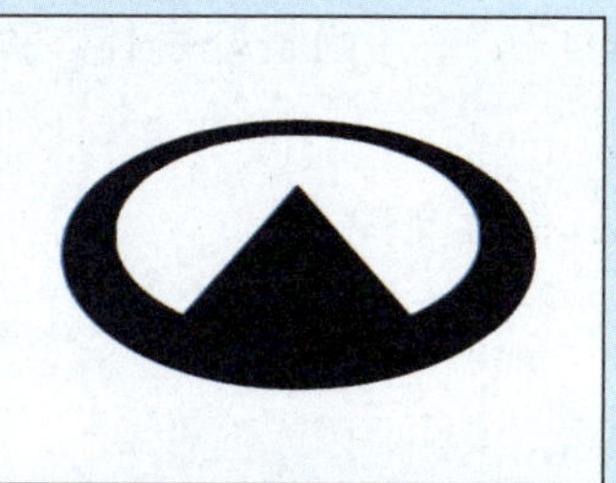

图1.61

（8）用“魔棒”工具选取黑色三角，执行菜单命令“选择”→“变换选区”，将选区拉长，使其下边超出椭圆形之外，按下“Alt”键，左右同时收缩选区宽度，得到选区如图1.62所示。

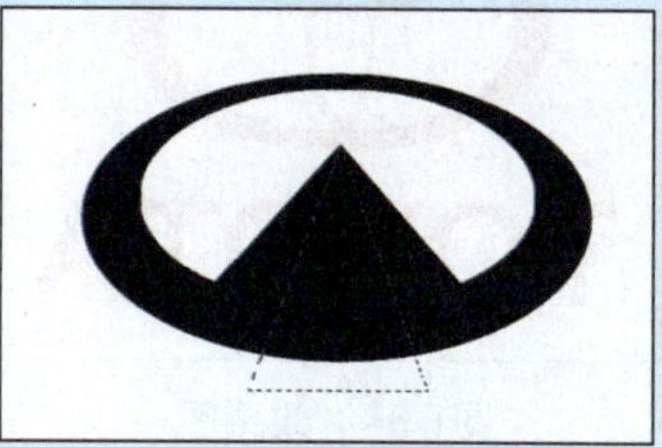

图1.62

（9）用“Delete”键删除选区中的黑色部分。

（10）选择“图层1”，再次删除选区中的黑色部分。按快捷键“Ctrl+D”取消选区，如图1.63所示。

图1.63

（11）用“文字”工具输入“INFINITI”设置适当的字体、字号。

（12）将文件保存为“INFINITI.psd”。

5.TOYOTA车标的绘制

【效果图】

图1.64 效果图

【做一做】

(1) 新建大小为600×600像素的文件。

(2) 新建"图层1",用"椭圆选框"工具在画布中画一椭圆,并填充为红色,如图1.65所示。

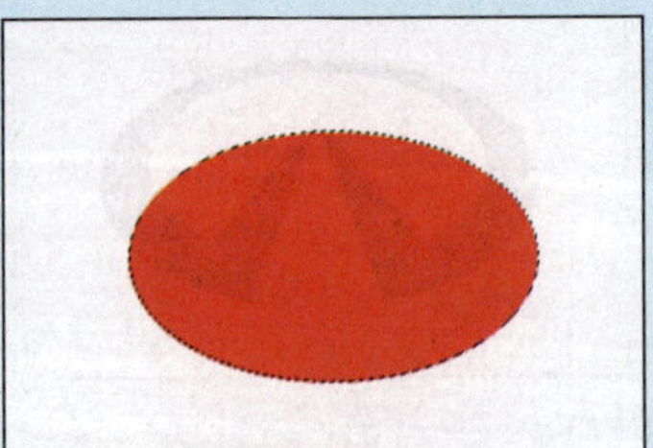

图1.65

(3) 执行菜单命令"选择"→"变换选区",向内收缩选区,确定后按"Delete"键删除椭圆内部,按快捷键"Ctrl+D"取消选区,如图1.66所示。

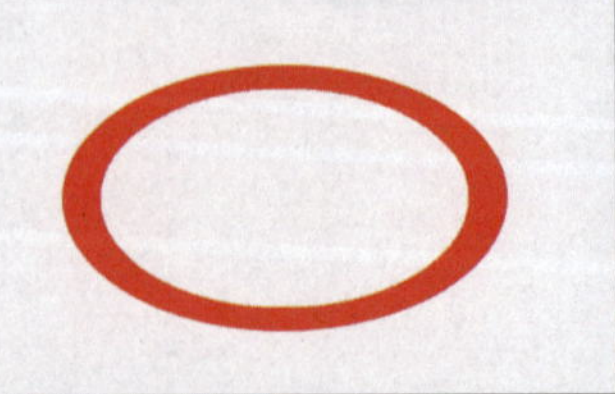

图1.66

(4) 按快捷键"Ctrl+J"生成"图层1副本",再按快捷键"Ctrl+T",调整圆环大小及位置,如图1.67所示。

图1.67

(5) 按快捷键"Ctrl+J"生成"图层1副本2",执行"编辑"→"变换"→"旋转90度""保持原样"命令。

(6) 用快捷键"Ctrl+T",调整"图层1副本2"中的圆环大小及位置,如图1.68所示。

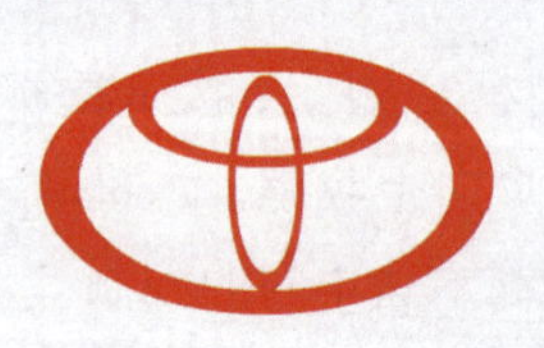

图1.68

(7) 用"文字"工具输入文字"TOYOTA",并调整好字体、字号、字间距。

(8) 保存文件。

【牛刀小试】

BMW车标的绘制

熟悉了PS的基本用法后，现在将挑战一下，做个比较难一点的实例，你准备好了吗？

主要知识点：辅助线，以指定点为圆心建立并调整圆形，“椭圆”工具，选区变换，选区填充，选区描边，从选区减去，沿路径排文字，“直线”工具。

【效果图】

图1.69　效果图

【做一做】

(1) 新建文件：20×20厘米，分辨率为72像素/英寸，背景为白色。

(2) 执行菜单命令“视图”→“标尺”，打开标尺。将光标分别放在两边的标尺上，按下左键向画布中拖动，拖出辅助线到10的位置松开。如图1.70所示。

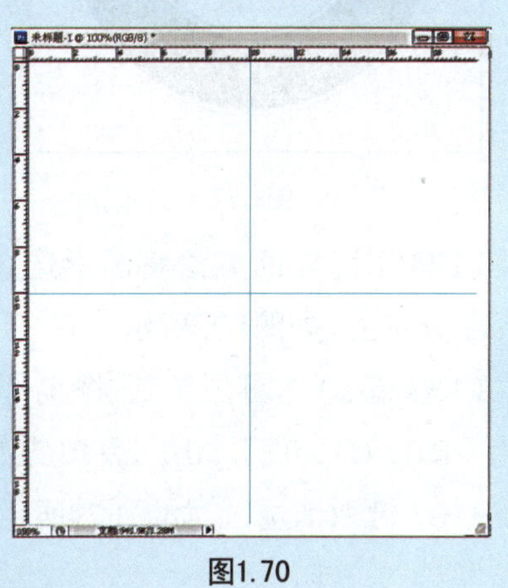

图1.70

(3) 选择“椭圆选框”工具，将光标放在辅助线交叉中点，同时按下“Shift”和“Alt”键，以交叉点为圆心画一个圆形选区。

(4) 新建“图层1”，将前景色设置为（R190，B190，C190），填充选区，如图1.71所示。

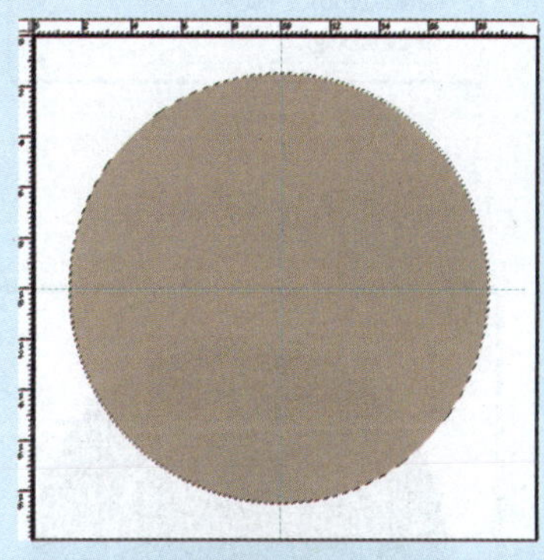

图1.71

(5) 新建“图层2”，将前景色设置为黑色，执行“选择”→“变换选区”命令，同时按下“Shift”和“Alt”键向内收缩选区后填充如图1.72所示。

(6) 新建“图层3”，执行菜单命令“选择”→“变换选区”，再次向内收缩选区。执行“编辑”→“描边”命令，在对话框中设置宽度为4，颜色为（R190，G190，B190），位置居中，如图1.73所示。

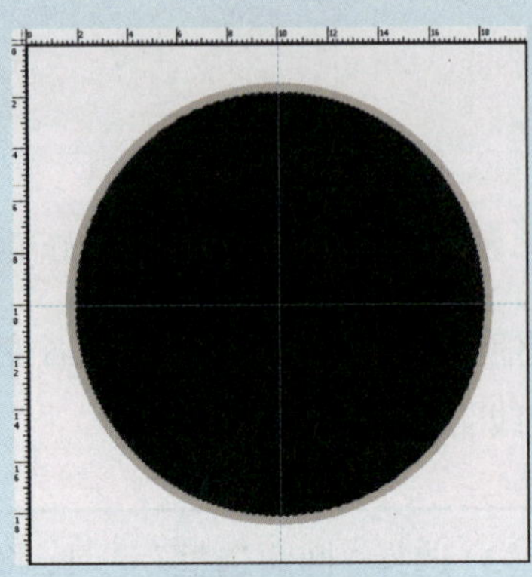

图1.72

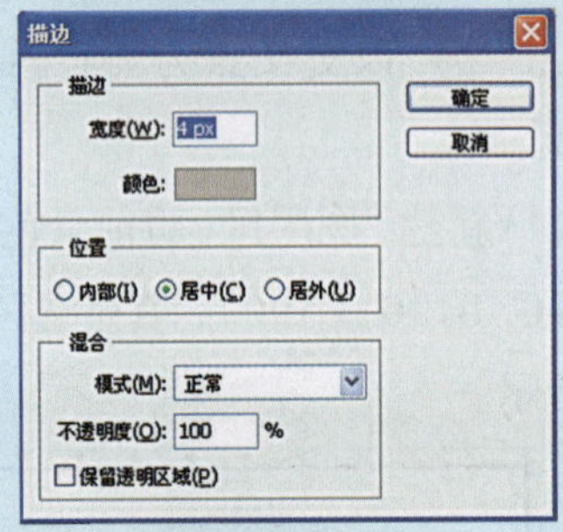

图1.73

（7）得到如图1.74所示效果。

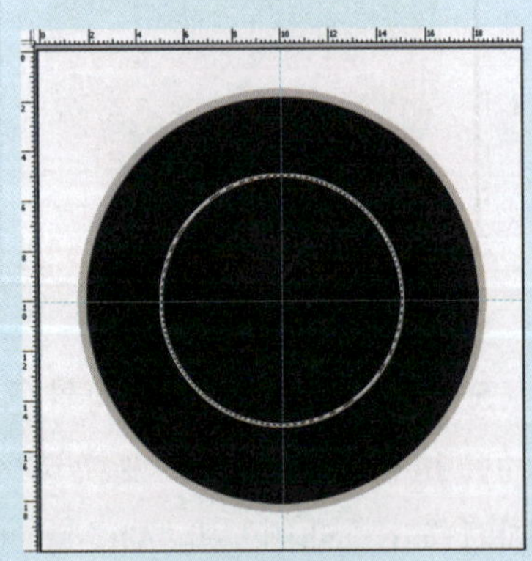

图1.74

（8）执行“选择”→“修改”→“收缩”命令，设置“收缩量”为4，按“确定”按钮即可。

（9）新建图层4，填充选区为白色，如图1.75所示。

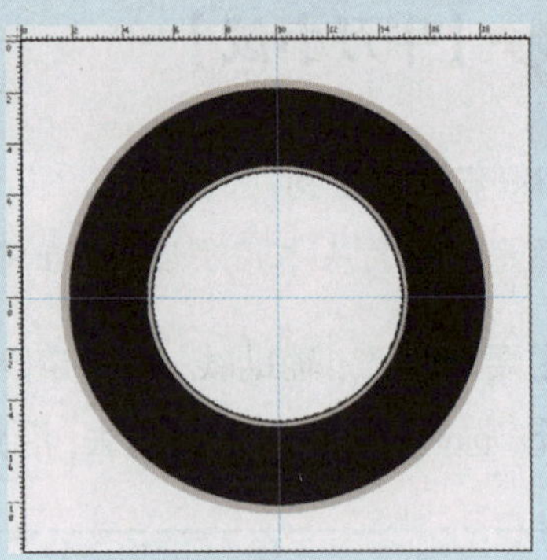

图1.75

（10）选择“矩形选框”工具，在属性栏上选择“从选区减去”，如图1.76所示。

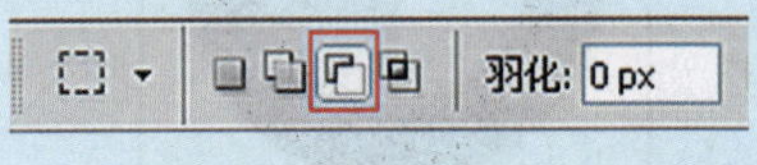

图1.76

（11）从图形中心开始向右上角画出一矩形，将圆形选区的右上角减去，如图1.77所示。

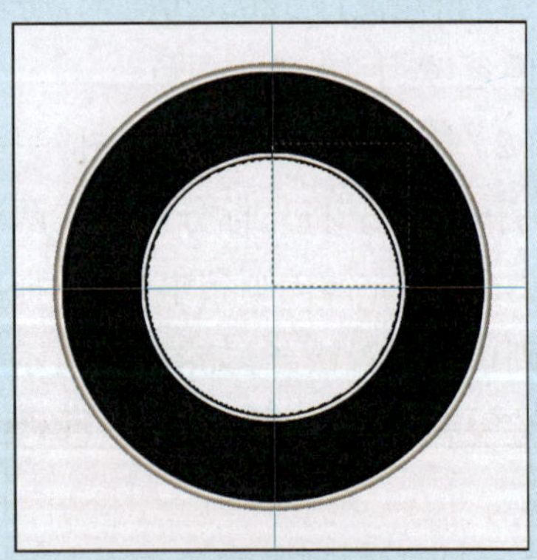

图1.77

（12）用同样的方法将圆形选区的左下部分减去，如图1.78所示。

（13）新建“图层5”，将前景色设为（R0，G120，B200）后填充，按“Ctrl+D”键取消选区，如图1.79所示。

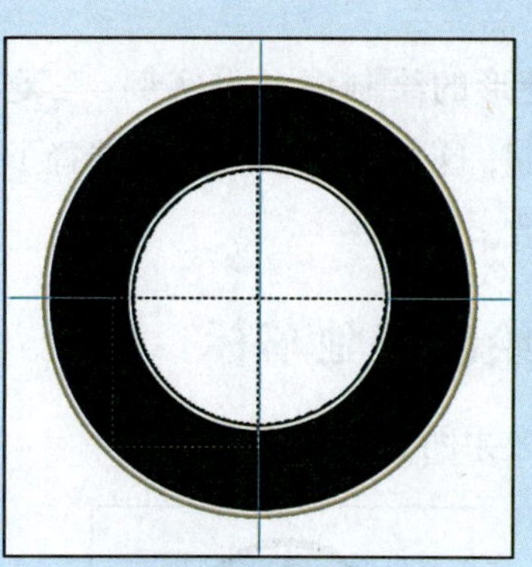

图1.78

图1.79

(14)用“椭圆”工具，在属性栏中设为“路径”模式，按下“Shift”+“Alt”键，从辅助线交叉点开始画一圆形路径，比中间的灰色圆圈略大，如图1.80所示。

(15)选择“文字”工具，将设置字体为“BankGothic Md BT”，字号为120，字间距为200，居中排列。

(16)将光标放在圆形路径最上面与辅助线的交点上，当光标变为

图1.80

“路径文字”模式时单击，并输入文字“BMW”。

(17)如文字不能居中，使用“Ctrl+T”组合键旋转路径，慢慢调整，如图1.81所示。

图1.81

(18)选择“直线”工具，沿着辅助线，按下“Shift”键，在图中白色圆内画两条交叉线。

(19)用“移动”工具将辅助线移出画布，并保存图片为“BMW.psd”。

【我创作、我快乐】

根据提示完成车标的绘制。

1.绘制奥迪车标

【效果图】

要点提示:

用“椭圆”工具绘制正圆,利用菜单命令“变换选区”之后删除中间部分得到圆环,复制之后移动位置得到图形。奥迪的标志文字一般字库没有接近的字体,所以自选一个,只要图形美观即可。

2.绘制大众车标

【效果图】

要点提示:

圆环的绘制已非常熟悉了,车标中的“W”字可以把它看成两个淘空的三角形,删除多余部分即可。

3.绘制五菱车标

【效果图】

要点提示:

菱形的绘制请参看实例:三菱车标的绘制,这里只是在变形时选择了不同的参数。

4.绘制奔驰车标

【效果图】

要点提示:

(1)新建“图层1”,设置“前景色”为黑色,选择“多边形”工具,在属性栏中设置为“像素填充”模式,边数设为3,勾选“星形”,将“缩进边依据”设为65%,即可画出黑色的三角星形。

(2)建立三角星形的选区,新建“图层2”做一个黑色的描边。

(3)单击“图层1”,再新建“图层3”,将其放置在“图层1”之上,“图层2”之下。

(4)利用“套索”工具的“从选区减去”模式,减去选区中需保留黑色的部分并填充白色。

模块二
描图与绘图
——钢笔和路径工具的使用

【模块综述】

在PS中，可以通过“路径”得到想要的轮廓。与直接用“套索”工具创建选区不同，由“钢笔”工具创建的“路径”为我们提供了极大的修改空间。在这一模块中，将学习用“钢笔”工具来描图与绘图。

模块目标：

- “钢笔”工具的使用。
- 路径调节。
- 路径面板的使用——路径和选区的转换。
- 路径的复制与保存。

任务一 了解"钢笔"工具和"路径"

在PS中，矢量形状的轮廓被称为路径，路径是使用"钢笔"工具或"自由钢笔"工具绘制的曲线或直线。在打印图稿时，无填充或描边的路径不会被打印，因为路径是不包含像素的矢量对象。

"钢笔"工具包括"钢笔"工具、"自由钢笔"工具、"添加锚点"工具、"删除锚点"工具、"转换点"工具。"钢笔"工具的快捷键为【P】，如图2.1所示按"Shift+P"组合键可以在"钢笔"工具和"自由钢笔"工具间切换。在使用"钢笔"工具时按下"Ctrl"键，可切换为"直接选择"工具，用于调节路径上的锚点或锚点的方向线，松开则回到"钢笔"工具。

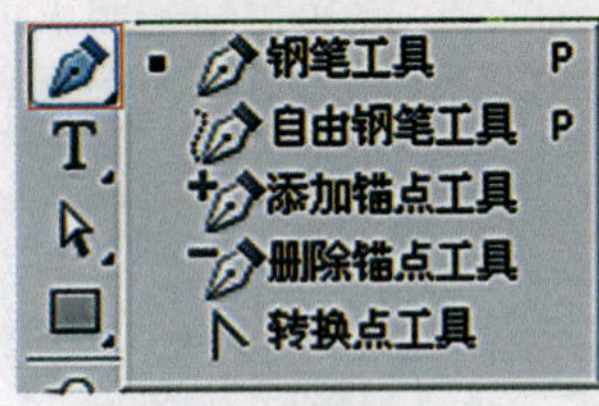

图2.1

1.使用"钢笔"工具创建路径

"钢笔"工具可以创建由直线或曲线组成的闭合或非闭合路径。

⁎ 创建由线段组成的路径：选择"钢笔"工具后，首次在画布上单击鼠标，将设置路径的起点，随后每次单击，都将在前一点和当前点之间绘制出一条线段，要绘制用线段组成的复杂路径，只需不断加点即可。

⁎ 创建由曲线组成的路径：在单击鼠标创建一个锚点时，拖曳鼠标为该锚点创建一条方向线，然后通过单击放置下一个锚点。每个锚点有两条方向线，方向线的位置和长度决定了曲线的长度和形状。调整方向线即可调整路径中的曲线的形状。

光滑曲线由被称为平滑点的锚点连接，平滑点的两条方向线连为一条直线，调整一边的方向时，另一边也同时调整，锚点两边的曲线同时产生变化。

急转弯的曲线由角点连接。调整角点一边的方向线，另一边不受影响。

平滑点和角点的转换由"转换点"工具完成。

⁎ 创建非闭合路径：要结束非闭合路径的绘制，单击"钢笔"工具即可。

⁎ 创建闭合路径：路径终点与起点重合，路径自动闭合，路径的绘制同时自动结束。

用"路径选择"工具可移动整条路径。用"直接选择"工具可调整路径上的锚点和锚点的方向线，从而调整曲线的形状，如图2.2所示。

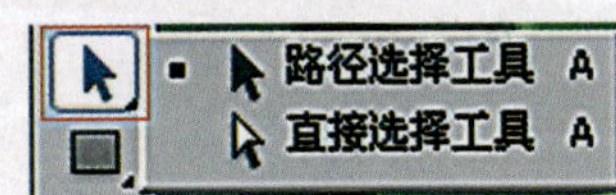

图2.2

2.“钢笔”工具的属性设置

选择“钢笔”工具时，属性应设置为：单击“路径”按钮；在“钢笔”选项中，确保没有选中复选框“橡皮带”；勾选复选框“自动添加/删除”；单击“添加到路径区域”按钮，如图2.3所示。

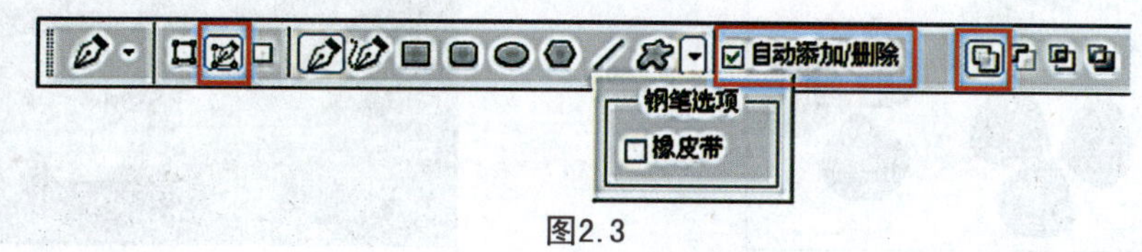

图2.3

3.路径面板

路径面板就在PS界面的右边，可通过菜单命令“窗口”→“路径”打开或关闭。

当运用“钢笔”工具创建路径时，路径面板中自然生成名为“工作路径”的临时存储区域。如用户在路径面板空白区域单击，则取消对“工作路径”的选择，再次开始绘制新的路径时，新的“工作路径”将取代原有的，原有的路径将丢失。可双击“工作路径”将其存储，这样就可以多路径操作而互不干扰。路径只是绘制形状的工具，要将其填充或描边后，在画布上才形成真正的像素，如图2.4所示。

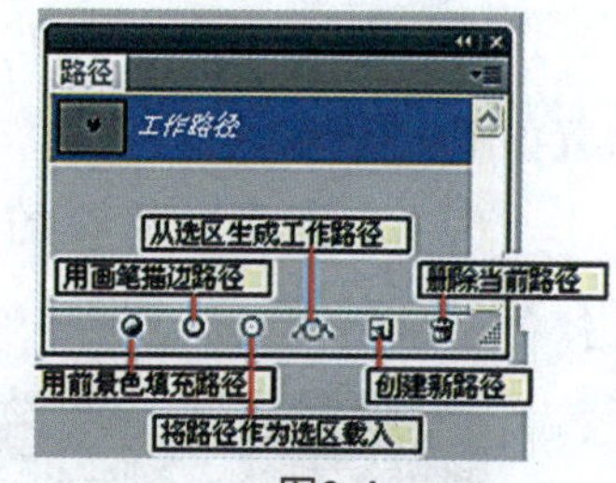

图2.4

任务二 创建植物画册

【任务概述】先利用“钢笔”工具描绘植物形状，利用“直接选取”工具修改路径形状，用“路径选择”工具选择并移动整个路径，最后使用“路径面板”进行颜色填充和描边。

1.绘制幸运三叶草

【效果图】

图2.5

【素材】

sc221

【做一做】

(1) 打开素材“sc221.jpg”。

(2) 选择“钢笔”工具，其属性栏设置如图2.3所示。

(3) 在图中叶片尖的位置单击鼠标，确定路径起点，如图2.6所示。

图2.6

(4) 单击创建第二个锚点，并拖曳出方向线，如图2.7所示。

图2.7

(5) 继续单击创建第三、第四个锚点，并在每个锚点上都拖曳出方向线，同时调整曲线，使之与叶子的形状相吻合，如图2.8所示。

图2.8

(6) 将“钢笔”工具放回到起点位置单击，得到一个闭合的路径，如图2.9所示。

图2.9

(7) 用同样的方法，描出三叶草的

另外两片叶子，如图2.10所示。

图2.10

（8）打开“路径面板”，双击“工作路径”，将其保存为“路径1”，如图2.11所示。

图2.11

（9）单击“路径面板”下的“创建新路径”按钮，新建“路径2”。

（10）用“放大镜”工具框选，放大下面一片叶子，然后使用“钢笔”工具描出这片草的三个叶瓣，如图2.12所示。

图2.12

（11）这时“路径面板”如图2.13所示。

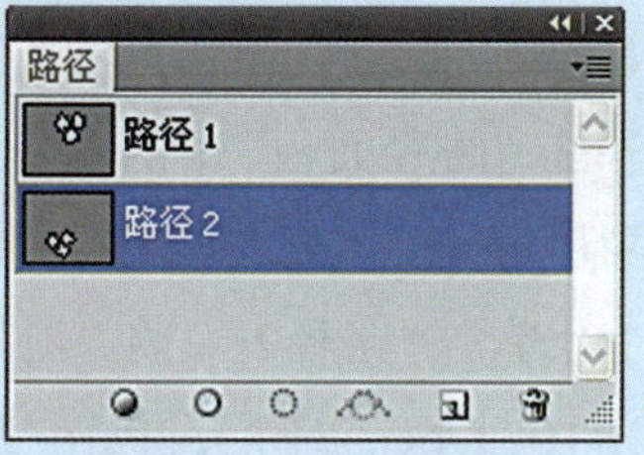

图2.13

（12）单击“路径面板”下“创建新路径”按钮，新建“路径3”。

（13）用同样的方法，描出左边的叶子，对这片叶子被遮掩的部分可按自己的理解画出，如图2.14所示。

图2.14

（14）设定“背景色”为白色，用快捷键“Ctrl+Delete”将画面填充成白色。这时画面上可以看到画的第三个路径，即图2.14左下角的三叶草。如看不见，在“路径面板”中点一下“路径3”即可。

图2.15

(15)将“前景色”设为“R60, G100, B0”，单击“路径面板”中的“用前景色填充路径”按钮，填充“路径3”。

(16)单击“路径2”，将“前景色”设为“R10, G60, B10”，单击“路径面板”中的“用前景色填充路径”按钮，填充“路径2”。

(17)单击“路径1”，将“前景色”设为“R0, G255, B0”，单击“路径面板”中的“用前景色填充路径”按钮，填充“路径1”。

(18)单击“路径面板”空白处，取消对任何路径的选择。

(19)保存文件。

【小贴士】

✲ 使用“钢笔”工具绘制路径时，应使用尽可能少的锚点来创建所需要的形状，用的锚点越少，曲线越平滑，文件的效率越高。

✲ 在使用“钢笔”工具绘制路径时，新手很难将路径形状一步拖曳到位，因此，可以让路径大致符合就行。如果不满意，可以在闭合路径之后，再用“直接选择”工具来调整路径中锚点的位置和方向线的方向、长短，以得到满意的曲线。

✲ 方向线的拖曳方向应与路径方向一致，即拖向下一个锚点的方向。

2.制作春绿秋黄

【效果图】

图2.16

【素材】

sc222

【做一做】

(1) 打开素材“sc222.jpg”。

(2) 选择“钢笔”工具，在图中叶片尖的位置单击鼠标，确定路径起点。

(3) 沿叶子边缘绘制一条封闭路径，注意锚点不要太多，路径尽量平滑。图中红线为所描路径，如图2.17所示。

图2.17

(4) 用“路径选择”工具选中路径，用快捷键“Ctrl+C”复制路径。

(5) 新建文件，如图2.18所示。

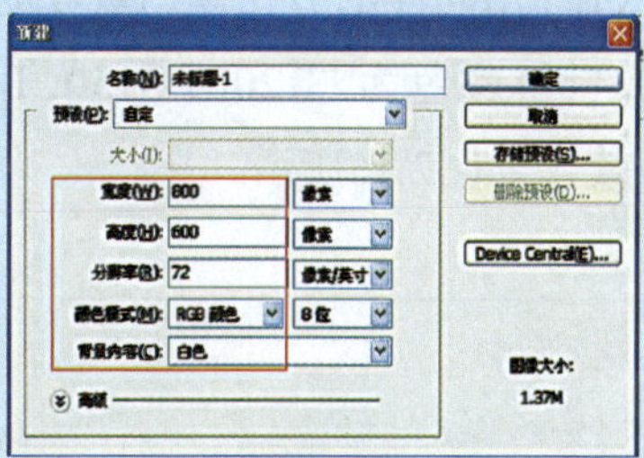

图2.18

(6) 在新文件中用快捷键“Ctrl+V”粘贴路径，并用快捷键“Ctrl+T”调整好该路径的角度、位置和大小，按“Enter”键确定，如图2.19所示。

(7) 在“图层面板”中新建“图层1”，并选择“图层1”为工作层。

(8) 将“前景色”设为“R0，G255，B0”，单击“路径面板”中的“用前景色填充路径”按钮，填充该路径，如图2.20所示。

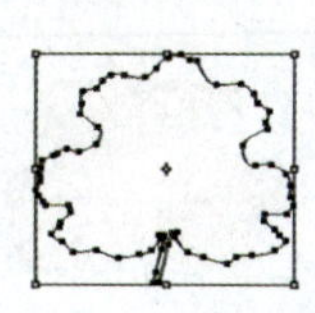

图2.19

图2.20

(9) 用“路径选择”工具选择路径，将其向右移动，如图2.21所示。

图2.21

(10) 在“图层面板”中新建“图层2”，并选择“图层2”为工作层。

(11) 将“前景色”设为“R255，G200，B0”，单击“路径面板”中的“用前景色填充路径”按钮，填充路径，如图2.22所示。

(12) 单击“路径面板”中“将路径作为选区载入”按钮，将黄叶上的路径转换为选区。

图2.22

（13）新建“图层3”为工作层，将“前景色”设置为红色“R255，G0，B0”，选择“画笔”工具，设置参数如图2.23所示。

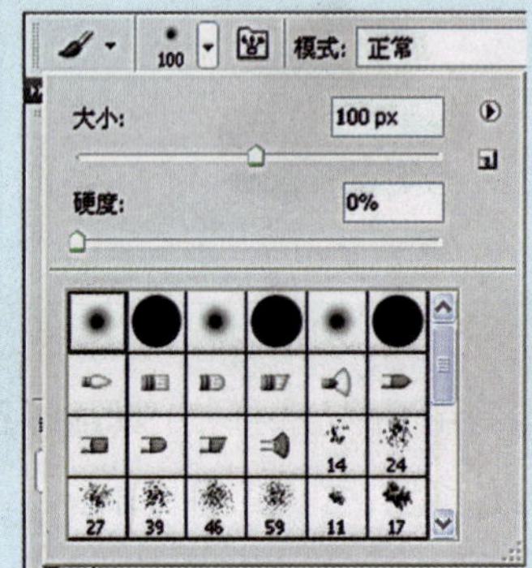

图2.23

（14）在黄叶的边缘画上一些红边，增加秋叶的效果，如图2.24所示。

（15）按快捷键“Ctrl+D”取消选区。

图2.24

（16）新建“图层4”，并选择“图层4”为工作层。

（17）将“前景色”设为“R20，G100，B0”，选择“画笔”工具，将笔刷大小设为6 px，硬度设为0%，在绿叶上画出简易的叶脉，如图2.25所示。

图2.25

（18）用同样的方法画出黄叶的简易叶脉，叶脉颜色为“R200，G150，B0”。最终效果如图2.16所示。

【小贴士】

✲ 在本题中，将一个图中的路径复制到另一个图形文件中使用，并用快捷键“Ctrl+T”对它进行调整。“将路径转换为选区”，这是在做图中经常会用到的方法，用这一方法可以精确地选取所需的对象。

3.制作美丽花开

【效果图】

图2.26

【素材】

sc223

【做一做】

(1) 打开素材“sc223.jpg”。

(2) 用“钢笔”工具沿花朵边缘绘制闭合路径。路径的锚点不要太多，花瓣边缘中间点为平滑点，在绘制时，按下鼠标左键后，拖曳出方向线并调整曲线的形状；花瓣尖和交叠点为角点，只需要用鼠标单击即可，如图2.27所示。

图2.27

(3) 用“路径选择工具”选择整个路径，按快捷键“Ctrl+C”复制路径。

(4) 按快捷键“Ctrl+N”新建文件，如图2.28所示。

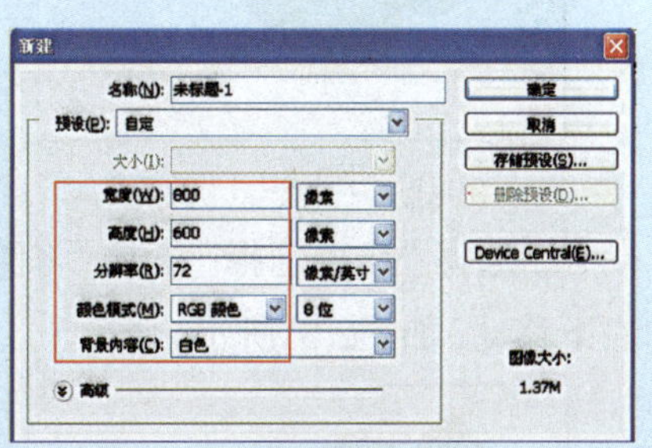

图2.28

(5) 按快捷键“Ctrl+V”将路径粘贴到新文件中，并按快捷键“Ctrl+T”调整路径的大小、方向和位置，如图2.29所示。

图2.29

(6) 新建“图层1”为工作层，将前景色设为“R255，G255，B0”，单击“路径面板”上的“用前景色填充路径”按钮，填充路径后得到黄色的花朵。

(7) 新建"图层2"为工作层，将前景色设为"R255, G0, B0"，选择"画笔"工具，设置笔刷大小为5 px，硬度为0%。

(8) 单击"路径面板"中"用画笔描边路径"按钮，使黄色花朵增加一道红边，如图2.30所示。

图2.30

(9) 选择"路径选择"工具，将路径向右下移动，如图2.31所示。

图2.31

(10) 新建"图层3"为工作层，将前景色设为"R255, G0, B0"，单击"路径面板"上的"用前景色填充路径"按钮，填充路径后得到红色的花朵。

(11) 单击"路径面板"中"将路径作为选区载入"按钮，将黄叶上的路径转换为选区。

(12) 新建"图层4"为工作层，将前景色设为"R255, G255, B0"，选择"画笔"工具，设置笔刷大小为50 px，硬度为0%，在红花的边缘绘制出带渐变的黄边效果，按快捷键"Ctrl+D"取消选区，如图2.32所示。

图2.32

(13) 新建"图层5"，分别用100 px和80 px的画笔为两朵花画出红色和黄色的花蕊，如图2.33所示。

图2.33

(14) 在"图层面板"中选择"背景"为工作层，然后新建"图层6"。这样，"图层6"在"背景"层之上，在其他图层之下。

(15) 单击"路径面板"中的"工作路径"，用"路径选择"工具将路径向右向下略微移动一点，如图2.34所示。

(16) 单击"路径面板"中"将路径作为选区载入"按钮，将路径转换为选区。

图2.34

（17）使用快捷键“Shift+F6”，在弹出的对话框中将选区的羽化值设为10 px，如图2.35所示。

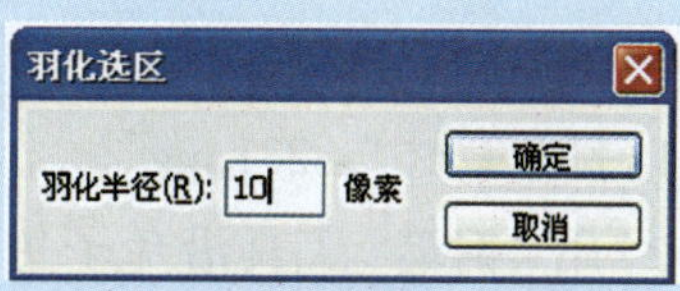

图2.35

（18）设置“前景色”为黑色，用快捷键“Alt+Delete”填充该选区。

（19）制作完成，效果如图2.26所示。

任务三　创建动物画册

【任务概述】本任务和上一任务基本相同，只是动物的绘制需要更多的锚点和调整。

1.小兔乖乖

【效果图】

图2.36

【素材】

sc231

【做一做】

(1) 打开素材“sc231.jpg”。

(2) 用“钢笔”工具沿兔子边缘绘制出闭合路径，并略做调整。

(3) 确定“背景色”为白色，用快捷键“Ctrl+Delete”将“背景”层填充为白色，如图2.37所示。

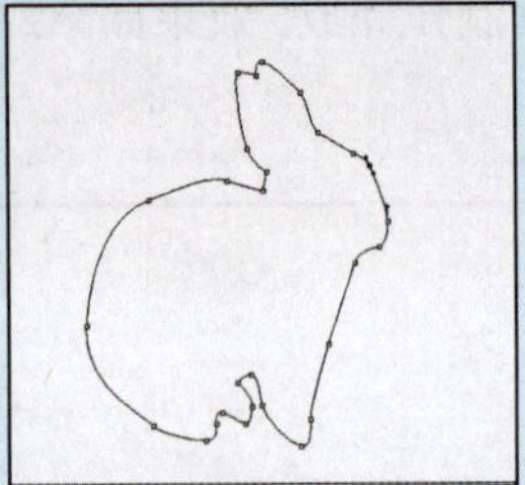

图2.37

(4) 单击“路径选择”工具，使整个路径都被选取。

(5) 用快捷键“Ctrl+T”，并按下“Shift”键，等比缩小路径并调整好位置，如图2.38所示。

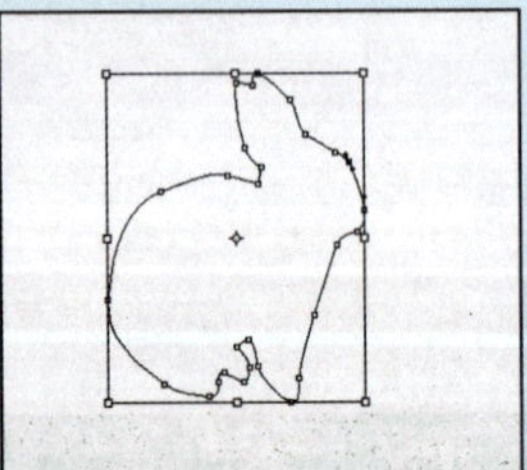

图2.38

(6) 新建“图层1”为工作层，设置“前景色”为“R0，G0，B255”，单击“路径面板”中的“用前景色填充路径”按钮，填充路径得到一只蓝色的小兔子，如图2.39所示。

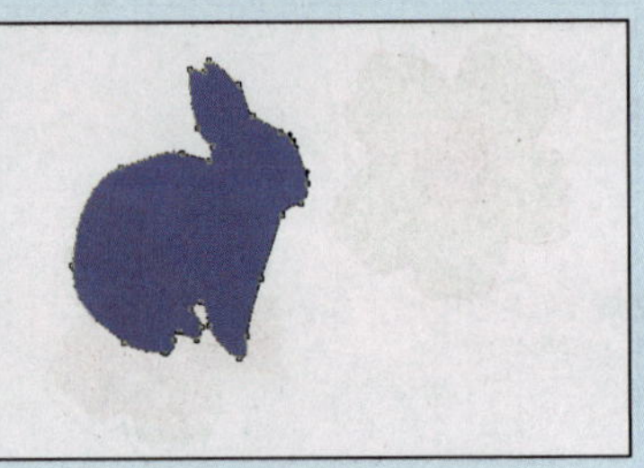

图2.39

(7) 选择“路径选择”工具，执行菜单命令“编辑”→“变换路径”→“水平翻转”，将其右移，如图2.40所示。

图2.40

(8) 单击“路径面板”中“将路径作为选区载入”按钮，将路径转换为选区。

(9) 新建“图层2”为工作层，选择“渐变”工具，在属性栏上设置为“径向渐变”，单击“点按可编辑渐变”处，在弹出的对话框中设置渐变颜色，如图2.41所示。

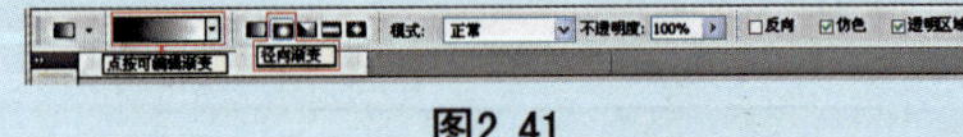

图2.41

(10) 双击第一个“色标”，将其设为白色，再双击第二个“色标”，将其设为纯红色：“R255，G0，B0”，如图2.42所示。

(11) 在兔子选区的腹部位置按下鼠标左键，向外拖曳鼠标到选区边缘，松开鼠标，得到如图2.43所示效果。

(12) 执行菜单命令“编辑”→“描

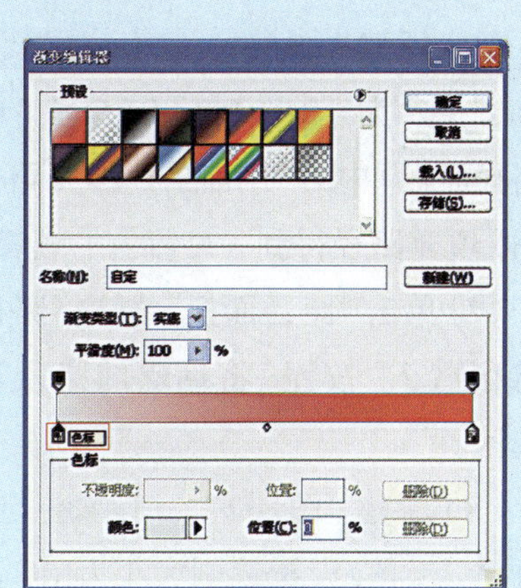

图2.42

图2.43

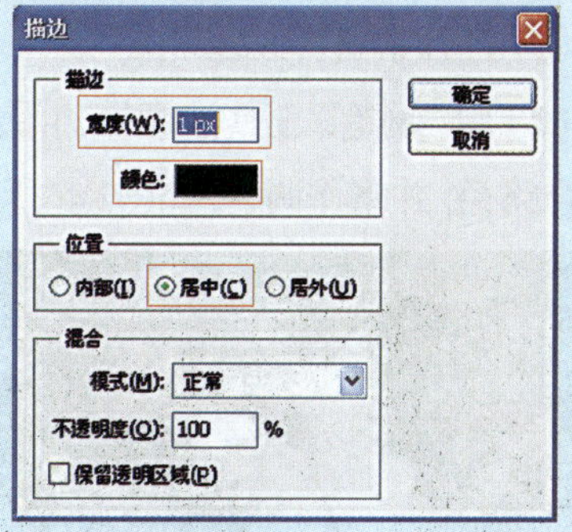

图2.44

边”，在对话框中设置参数如图2.44所示。

（13）新建“图层3”为工作层，用“椭圆选框”工具按下“Shift”键在蓝兔眼睛位置画一个小正圆，并填充为白色。

（14）将小红兔的眼睛填充为黑色。完成效果如图2.36所示。

2.舞蝶飞扬

【效果图】

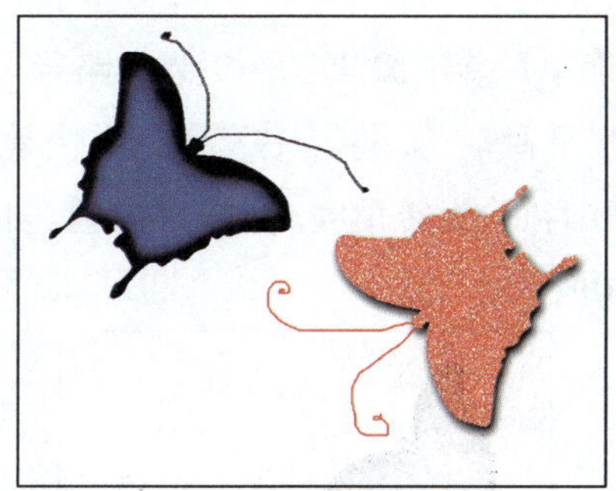

图2.45

【素材】

sc232

【做一做】

（1）打开素材“sc232.jpg”。

（2）用“钢笔”工具沿蝴蝶边沿绘制出闭合路径，并略作调整，如图2.46所示。

图2.46

（3）确定“背景色”为白色，用快捷键“Ctrl+Delete”将“背景”层填充为白色，如图2.47所示。

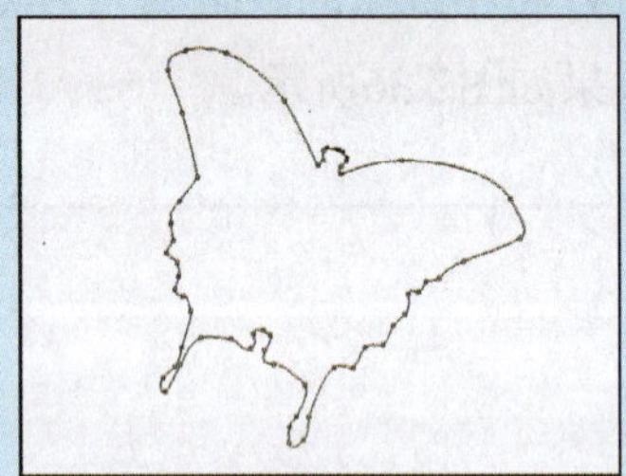

图2.47

（4）单击“路径选择”工具，使整个路径被选取。

（5）执行快捷键“Ctrl+T”并按下“Shift”键等比缩小路径，并调整好位置，如图2.48所示。

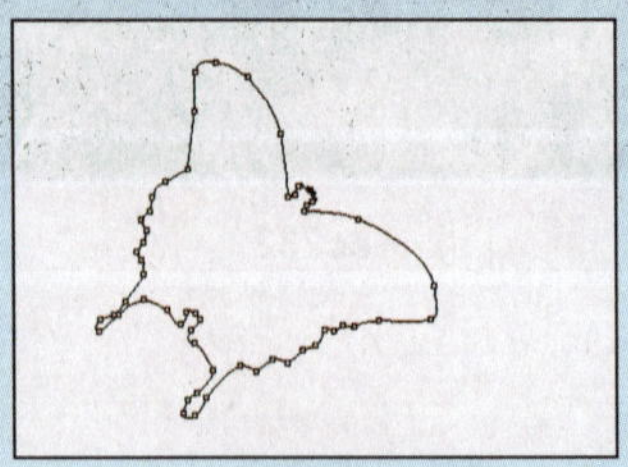

图2.48

（6）新建“图层1”为工作层，设置“前景色”为“R0，G0，B255”，单击“路径面板”中的“用前景色填充路径”按钮，填充路径得到一只蓝色的蝴蝶。

（7）单击“路径面板”中“将路径作为选区载入”按钮，将蝴蝶的路径转换为选区。

（8）新建“图层2”为工作层，选择“画笔”工具，设置笔刷大小为100 px，硬度为0%，设置“前景色”为黑色，在蝴蝶边缘画一圈黑色。

（9）按快捷键“Ctrl+D”取消选区。

（10）选择“画笔”工具，设置笔刷大小为5 px，硬度为0%，为蝴蝶画出触须，效果如图2.49所示。

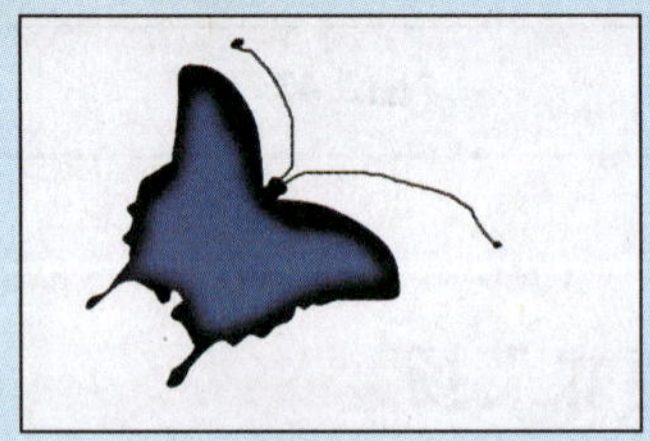

图2.49

（11）选择“路径选择”工具，执行菜单命令“编辑”→“变换路径”→“水平翻转”，将其右移，并用快捷键“Ctrl+T”旋转角度，调整好位置，如图2.50所示。

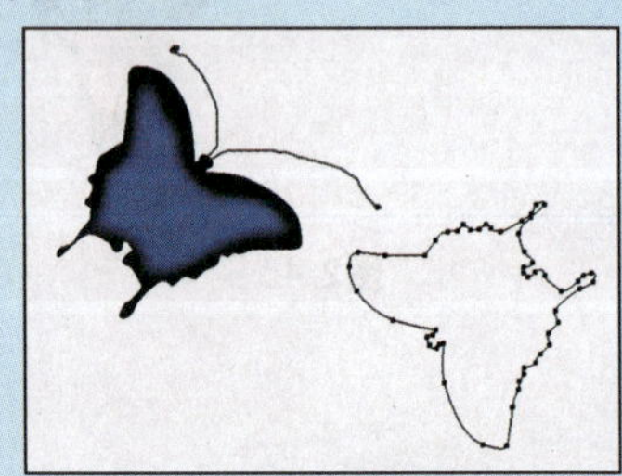

图2.50

（12）新建“图层3”为工作层，设置“前景色”为白色，单击“路径面板”中的“用前景色填充路径”按钮填充路径。

（13）新建“图层4”为工作层，设置“前景色”为红色，单击“路径面板”中的“用前景色填充路径”按钮填充路径，得到一只红色蝴蝶，如图2.51所示。

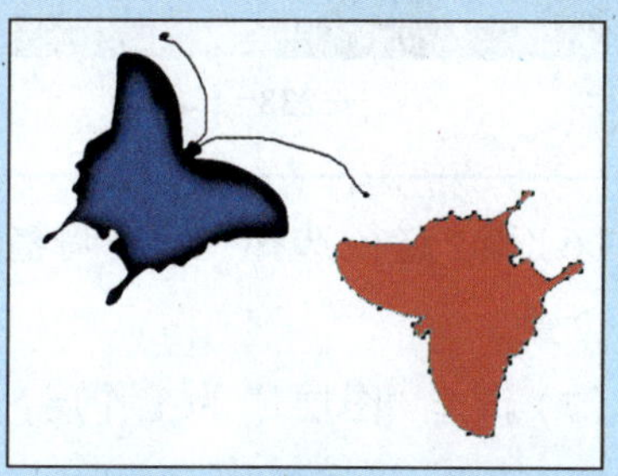

图2.51

（14）确定“图层4”为工作层，在“图层面板”中设置图层混合模式为“溶解”，并将“不透明度”设为66%，如图2.52所示。

图2.52

（15）新建“图层5”为工作层，选择“画笔”工具，设置笔刷大小为5 px，硬度为0%，画出红蝴蝶的触须，如图2.53所示。

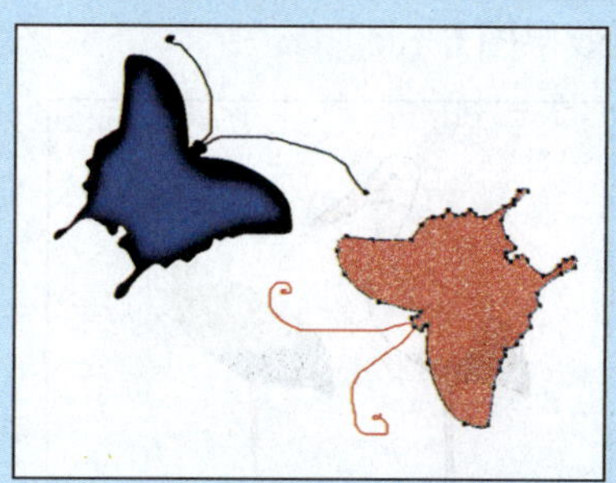

图2.53

（16）选择“路径选择”工具，将红蝴蝶上的路径略向右下移动，单击“路径面板”中“将路径作为选区载入”按钮，将路径转换为选区，如图2.54所示。

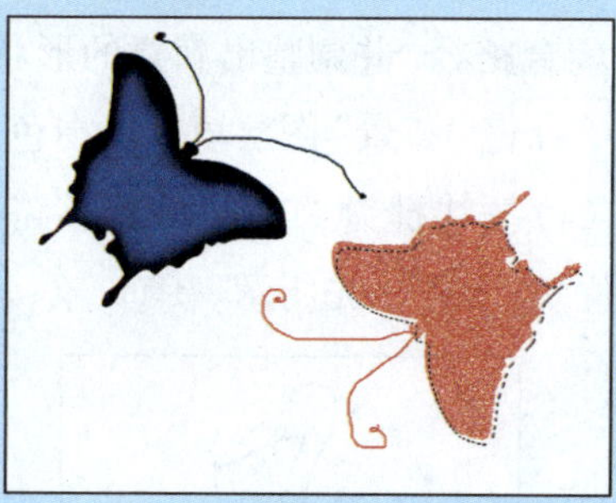

图2.54

（17）用快捷键“Shift+F6”，在弹出的对话框中将选区的羽化值设为10 px。

（18）在“图层面板”中选择“背景”为工作层，然后新建“图层6”。

（19）将“前景色”设为黑色，用快捷键“Alt+Delete”填充选区。

（20）制作完毕。最终效果如图2.45所示。

3.重重鹤影

【效果图】

图2.55

【素材】

sc233

【做一做】

(1) 打开素材 "sc233.jpg"。

(2) 用 "钢笔" 工具沿鸟儿边缘绘制出闭合路径，并调整出满意的形状。

(3) 将 "背景" 图层填充为白色。

(4) 按快捷键 "Ctrl+T" 调整路径大小、位置，如图2.56所示。

图2.56

(5) 用 "直接选择" 工具框选鸟儿脚下端的几个锚点，并将其下移，图2.57中红圈部分为被选取并下移的部分。

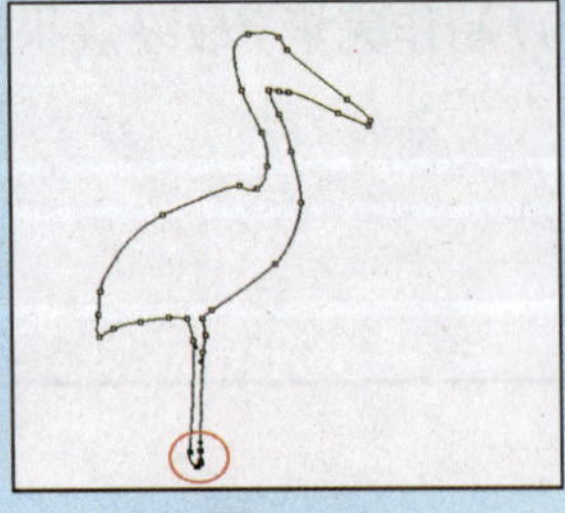

图2.57

(6) 用 "路径选择" 工具调整好鸟儿的位置。

(7) 新建 "图层1" 为工作层，选择 "画笔" 工具，设置笔刷大小为5 px，硬度为0%。设置 "前景色" 为黑色，单击 "路径面板" 中的 "用画笔描边路径" 按钮。

(8) 单击 "背景" 图层，然后新建 "图层2"，将其放置在 "背景" 层之上，"图层1" 之下。

(9) 单击 "路径面板" 中 "将路径作为选区载入" 按钮，并将路径转换为选区。

(10) 选择 "画笔" 工具，设定笔刷硬度为0%，用键盘上的 "[" 和 "]" 两个键调节笔刷大小，将鸟儿的嘴和脚画上红色，尾巴部位画上黑色，如图2.58所示。

(11) 按快捷键 "Ctrl+D" 取消选区。

(12) 单击 "路径面板" 上的 "工作路径"，用 "路径选择" 工具将路径右移。

图2.58

图2.59

（13）新建“图层3”为工作层，设置“前景色”为“R255，G255，B0”，单击“路径面板”中的“用前景色填充路径”按钮填充路径。

（14）新建“图层4”为工作层，单击“路径面板”中的“将路径作为选区载入”按钮，并将路径转换为选区。

（15）使用“画笔”工具为鸟儿画上红色的嘴和脚，以及黑色的尾翼，如图2.59所示。

（16）按快捷键“Ctrl+D”取消选区。

（17）使用“椭圆选框”工具，按下“Shift”键画出鸟儿眼睛，并填充为黑色。最终效果如图2.55所示。

【牛刀小试】

我的图案搜集

路径的使用没有太多的技巧，重要的是熟练程度。当练习得足够多的时间时，就可以用最少的锚点勾勒出想要的形状。如果上述例子练习得还不够，还可以找更多的花鸟鱼虫来练习，下面我们将接触更复杂一点的图案。

1.鸟纹图复原

【效果图】

图2.60

【素材】

sc241

【做一做】

(1) 打开素材“sc241.jpg”，这是一张已损坏的鸟纹图。现在将其复原为平滑、漂亮的图样。

(2) 执行菜单命令“图像”→“模式”，可以看到这是一张灰度图，由于在灰度图中有些命令不能执行，先在这里勾选“RGB颜色”，将其转换为RGB模式，如图2.61所示。

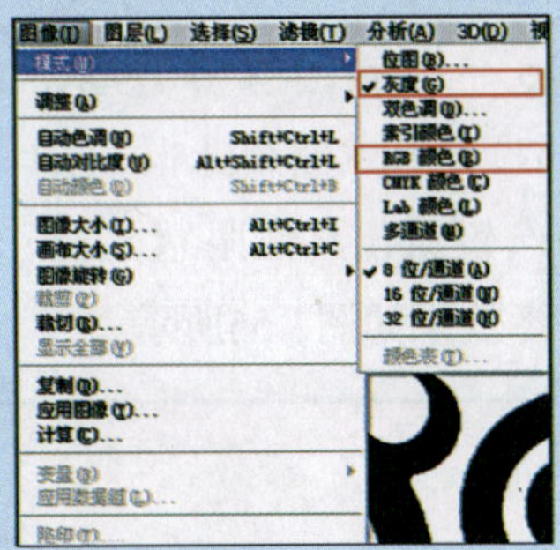

图2.61

(3) 选择“魔棒”工具，快捷键为“W”，如图2.62所示。

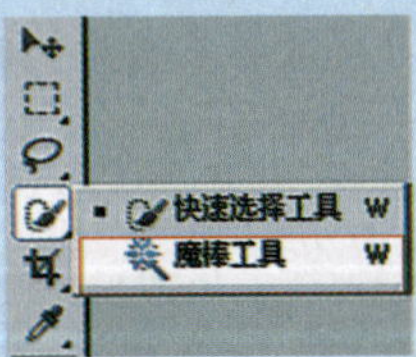

图2.62

(4) 设置属性栏，确保没有选中复选框“连续”，如图2.63所示。

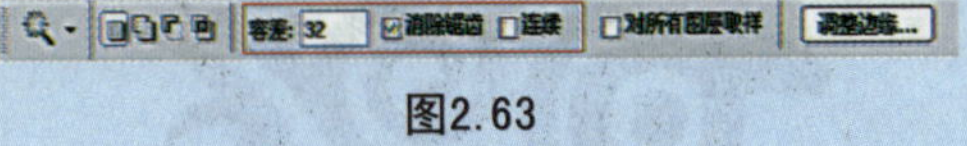

图2.63

(5) 在图中黑色区域上单击，建立选区，如图2.64所示。

(6) 打开“路径面板”，单击“从选区生成工作路径”按钮，得到工作路径，

图2.64

如图2.65所示。

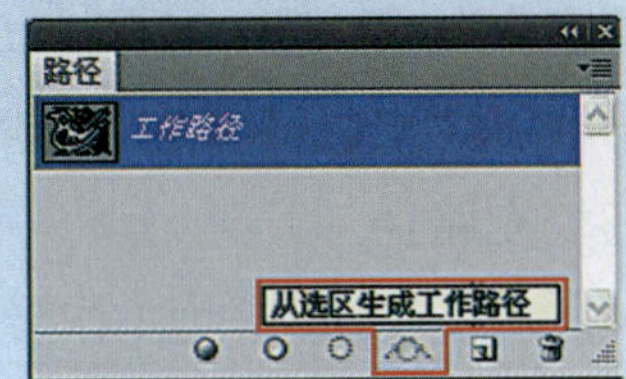

图2.65

(7) 设置“背景色”为白色，按快捷键“Ctrl+Delete”将“背景”图层填充为白色，这样就在画布上只看见鸟纹的路径。

(8) 使用“路径选择”工具选取图中红圈圈出的路径，按“Delete”键删除，如图2.66所示。

图2.66

(9) 局部放大鸟嘴部分，接下来开始修改细节。

(10) 使用“直接选择”工具单击路径，可以看到路径上的锚点和方向线。

(11) 选择“钢笔”工具，将鼠标移到图2.67中红色框圈出的两个锚点上，

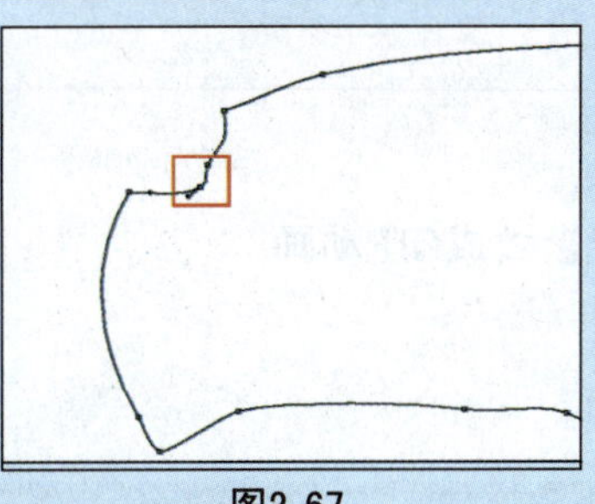

图2.67

这时“钢笔”工具变成了带减号的“删除锚点”工具，单击，删除锚点。

(12) 删除后，该区域的曲线如图2.68所示。

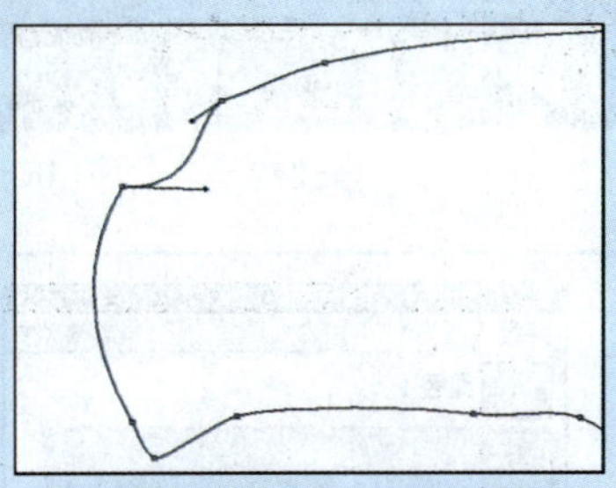

图2.68

(13) 按住“Ctrl”键，光标显示已切换为“直接选择”工具，调整方向线，得到平滑的曲线，如图2.69所示。

(14) 按住“空格”键，光标显示已切换为“抓手”工具，沿路径移动画布，找到另一个需要修改的地方。

(15) 用同样的方法删减锚点，修改方向线。

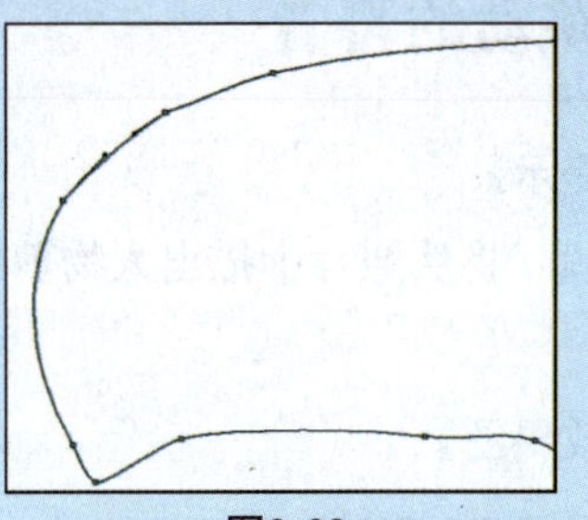

图2.69

(16) 修改完成后的路径如图2.70所示。

图2.70

(17) 新建“图层1”为工作层，设置“前景色”为黑色，选择“画笔”工具，设置笔刷大小为5 px，硬度为0%。

(18) 单击“路径面板”中“用画笔描边路径”按钮。

(19) 新建“图层2”为工作层，设置“前景色”为“R120, G0, B0”，单击“路径面板”中的“用前景色填充路径”按钮填充路径。

【小贴士】

✳ 使用快捷键时应注意，输入法状态必须切换为英文输入状态。

2.跳动的舞者

【提示】

这里，将从照片中描出人物剪影，然后把这些剪影做成GIF动画。

【效果图】

图2.71

【素材】

sc242

【做一做】

(1)打开素材“sc242.jpg”。

(2)局部放大左边的小人，用“钢笔”工具描出其形象。图2.72中红线为描绘小人手臂的情形，以供参考。

图2.72

(3)画完第1个小人之后，双击“路径面板”上的“工作路径”，将“工作路径”保存为“路径1”。

(4)单击“路径面板”中“创建新路径”按钮，创建“路径2”为当前的工作路径，如图2.73所示。

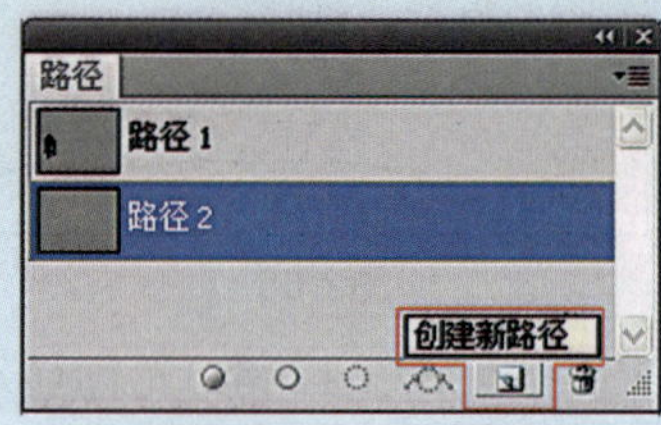

图2.73

(5)用“钢笔”工具描出第2个小人的路径。注意，描完外形之后，小人左边有一闭合区域，需单独描出闭合路径。图2.74中绿线为小人的外形路径，红线为独立闭合路径。

图2.74

（6）依次创建"路径3""路径4""路径5"描出5个小人的路径。第4个小人右侧和第2个小人的左侧一样。需单独描出闭合路径。

（7）将"背景"图层填充为白色。

（8）设置"前景色"为黑色。

（9）创建"图层1"为工作层，填充"路径1"得到第1个小人。

（10）创建"图层2"为工作层，填充"路径2"，这时小人左侧连成了一片，如图2.75所示。

图2.75

（11）用"路径选择"工具选中左侧闭合路径，单击"路径面板"中的"将路径作为选区载入"按钮，将路径转换为选区。

（12）单击"路径面板"的空白处，取消对任何路径的选取。

（13）用"Delete"键删除图层中被选取的部分，即得到第2个小人的完整图形，如图2.76所示。

（14）分别创建图层并填充对应路径，第4个小人的处理同第2个一样。

（15）单击"图层1"为工作层，按快捷键"Ctrl+T"后，再按住"Shift"键将第一个小人等比放大后松开，将小人移

图2.76

到画布中央放好后，按"Enter"键确定，如图2.77所示。

图2.77

（16）用同样的方法将第2至第5个小人都放大并移到画布中内叠在一起，如图2.78所示。

图2.78

（17）选择"裁剪"工具，在属性栏中设置"宽度为6、高度为8"，在画布中拖出矩形框，使重叠的图形居于矩形框的中央后按下"Enter"键，这样就裁掉了画布中多余的部分，如图2.79所示。

图2.79

（18）在“图层面板”中将“背景”拖到面板中的“垃圾桶”图标上，将“背景”层丢掉。

（19）单击PS标题栏右边的双箭头，在下拉菜单是单击“动感”，将PS切换到动画编辑状态，在画布下方将出现一列“动画（帧）面板”，如图2.80所示。

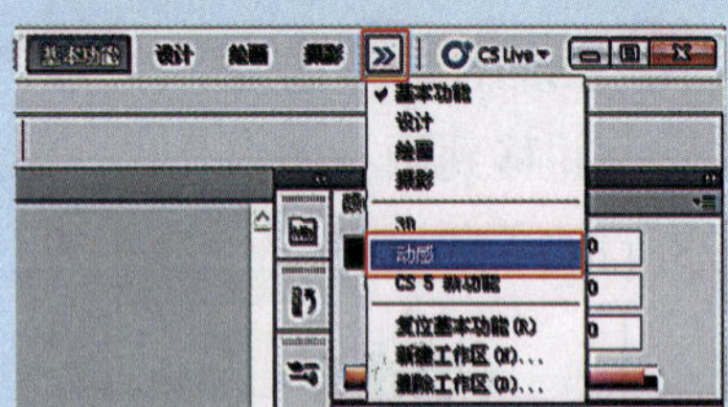

图2.80

（20）单击“动画（帧）面板”右上角的小图标，在弹出的菜单中选择“从图层建立帧”，如图2.81所示。

（21）在“动画（帧）面板”中，依次单击“0秒”，在弹出的菜单中选择“1”，即把该帧显现的时间设置为1秒，如图2.82所示。

（22）单击“动画（帧）面板”中的“播放”按钮，检查动画效果，如不满意，可将每帧显现时间设置得更长或更短。

（23）执行菜单命令“文件”→“存

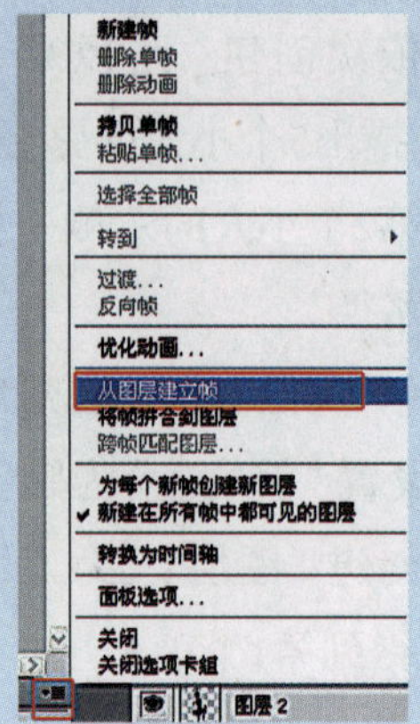

图2.81

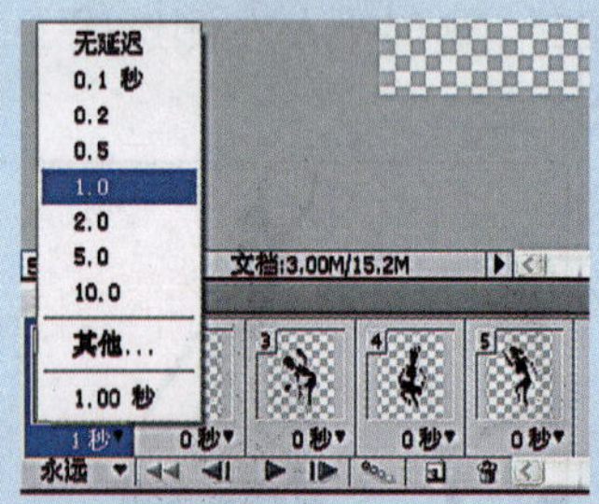

图2.82

储为Web和设备所用格式”。

（24）在弹出的面板中单击“存储”按钮，如图2.83所示。

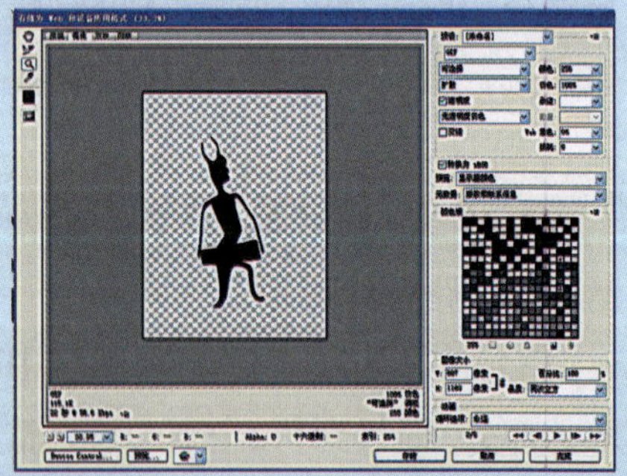

图2.83

（25）选择正确的存储路径，并将文件保存。

（26）通过“Windows图片和传真查看器”可以看到图片的动画效果，也可将图片上传到网络或QQ中炫一下。

【我创作、我快乐】

卡通图案创作

1.片片枫叶情

【效果图】

【素材】（sc251）

【提示】

本实例通过两组路径完成。“路径1”为枫叶的外轮廓，对这个闭合路径填充黄色，后转换为选区，用柔边大画笔在边缘喷上红色。“路径2”为叶脉，这是一组非闭合路径，画好一条叶脉后，单击“钢笔”工具，再画第2条。这样路径就不会连在一起了。为了增加叶脉的效果，先用7 px的画笔、深红色描边路径，并用“涂抹”工具涂抹，在另一层上，再用2 px的画笔、黄色描边路径，叶脉的两层都将透明度降低。画框为PS“自定义形状”工具中自带的，制作完成。

2.鱼跃的海豚

【效果图】

【素材】（sc252）

【提示】

为了生动地画出海豚，在这里画了3组路径，路径1为海豚的外轮廓，路径2为海豚的白肚皮，路径3为海豚略有些方的眼睛。海豚的外轮廓填充深蓝色即可；肚皮填充白色后，还需将路径转换为选区，再用柔边的大画笔画出边缘的浅灰色；眼睛填充白色后用小画笔画出轮廓中间的黑色即可，制作完成。

3.可爱毛毛熊

【效果图】

【素材】（sc253）

【提示】

这是一幅比较复杂的图，小熊的各个部分都需要独立的路径，也都需要选择适当的笔刷进行路径描边和填充。小熊的头和四肢用了CS5中的“绒毛球笔刷”工具进行路径描边，然后转换为选区，再用此笔刷涂抹出了小熊的毛绒效果，制作完成。

模块三 色眼看图

——图像的色彩调整

【模块综述】

要想做出精美的图像，色彩模式的应用和色彩的调整是必不可少的。在PS中最基本的技巧就是色彩调整，这也是PS雄踞于其他图形处理软件之上的一项看家本领。本模块将从色彩模式的基本知识和基本调色工具入手，逐步深入探讨各种图像调整命令、图层混合模式、通道调色技巧、应用图像和通道计算等高级调色技法。

模块目标：

- 色彩再认识。
- 调色工具总动员。
- 牛刀小试。

任务一　色彩再认识

【任务概述】本任务通过对颜色模式的调整，初步了解PS中色彩转换关系，同时也对色彩调整中常用的工具和方法进行了初步的介绍。

1.大白鹅（颜色模式调整、亮度/对比度调整）

【效果图】

图3.1

【素材】

sc311

【做一做】

（1）打开素材文件“sc311.jpg”。

（2）按“F8”键打开信息面板，单击右上角下拉菜单按钮，并点选弹出菜单中的“面板选项…”选项，如图3.2所示。

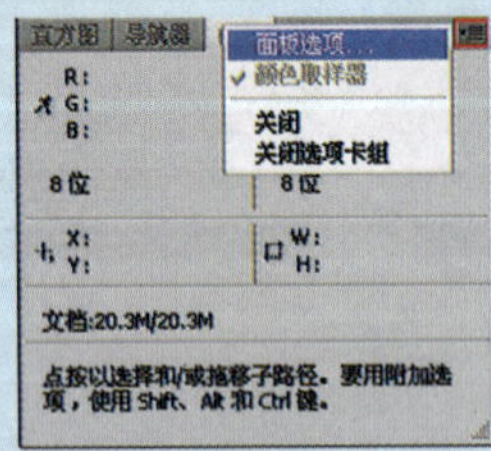

图3.2

（3）在弹出的“信息面板选项”窗口中，设置“第一颜色信息”模式为“实际颜色”，“第二颜色信息”模式为“CMYK颜色”，单击“确定”按钮后退出，如图3.3所示。

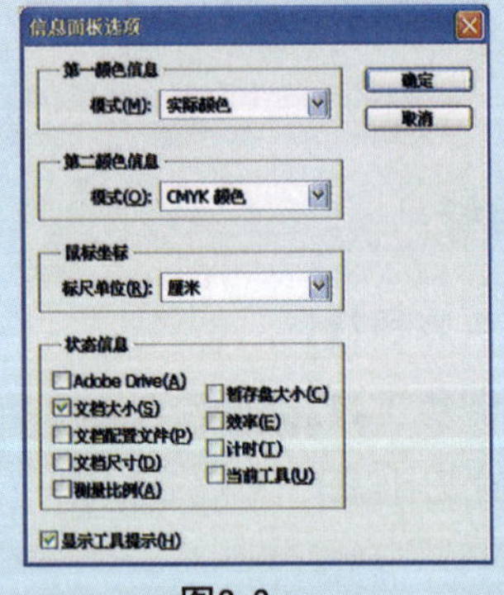

图3.3

（4）让鼠标在打开的图像有效范围内移动的同时，观察信息面板中数据的变化。因为原文件色彩模式为RGB，所以第一颜色信息将显示采样点（即鼠标位置处）的实际RGB颜色值，而第二颜色信息将把实际的RGB颜色值强制转换为对应的CMYK颜色值。

当采样点位于颜色比较鲜艳的位置时（见图3.4中的绿色区域），第二颜色

图3.3

信息中的颜色值数值后经常会出现感叹号，如图3.4中所示。这表明采样处颜色超出了CMYK模式的色域范围，PS只能自动用最接近的颜色值来表示。

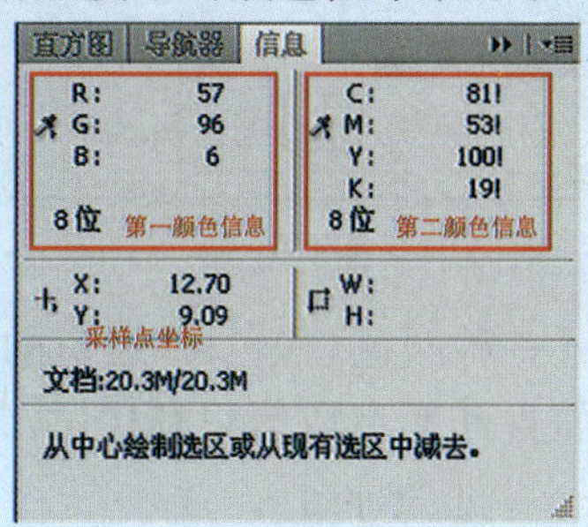

图3.4

【小技巧】

常用色彩模式的色域范围：LAB>RGB>CMYK>灰度>位图。（参见本书模块一第一部分“PS的基础知识”）

（5）执行“图像”→“模式”命令，显示如图3.5所示的下拉菜单。

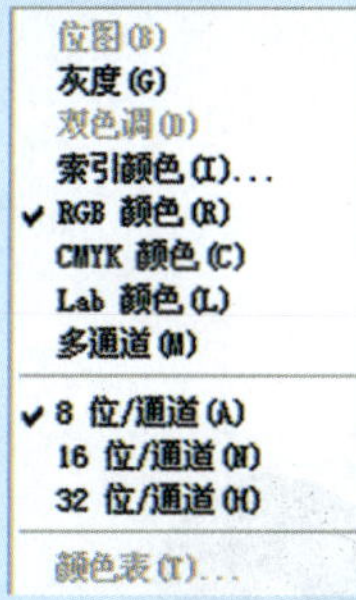

图3.5

菜单中带“√”的模式即为图像当前采用的颜色模式。

（6）在此点选“灰度”项，把图像强制转换为灰度模式，得到如图3.6所示的图像。

（7）让鼠标在图像的有效范围内移动的同时，观察信息面板中数据的变化。可以发现，灰度模式的图像只保留了一种颜色（黑色K）通道的色彩信息，如图3.7所示。

图3.6

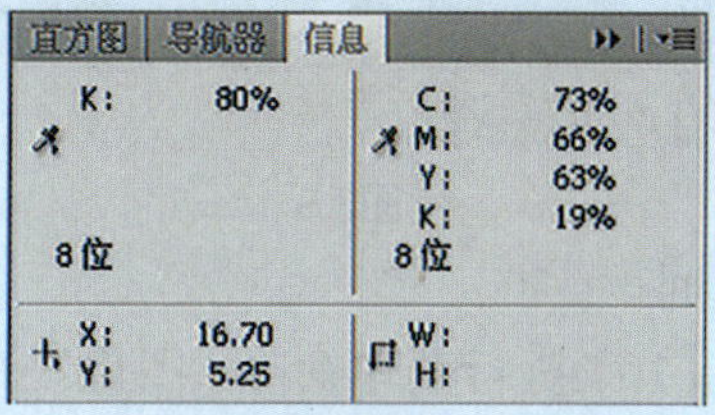

直方图 导航器 信息
K: 80%
8位
C: 73%
M: 66%
Y: 63%
K: 19%
8位
X: 16.70
Y: 5.25
W:
H:

图3.7

（8）将鼠标移至图3.8所示鹅的头、腹部等暗部区域，同时观察信息面板数据变化情况，可以发现这些区域K通道颜色值基本上都大于50%。

图3.8

（9）为了增加图像中白鹅的暗部区域的色彩层次，进行如下调整：执行“图像”→“调整”→“亮度/对比度…”命令。在弹出窗口中拉动“亮度”选项下的小三角游标，调整亮度值，同时把鼠标移至重点区域并注意信息面板中颜色值的变化。当亮度值调整到50%左右时，上述区域的K通道颜色将从原来的60%左右降低到50%左右（图3.9中取样点颜色值由63%变为49%），单击“确定”按

图3.9

钮返回。

（10）执行菜单命令“图像”→“模式”→“位图”，在弹出窗口中将“方法使用”项的值改为“50%阀值”，按“确定”按钮返回。效果如图3.10所示。

（11）让鼠标在图像的有效范围内移动的同时，观察信息面板中数据的变化。可以发现，“位图模式”的图像不仅只保留了一种颜色（黑色K）通道的色彩信息，而且其颜色取值只有100%和0%两种——“非黑即白”。

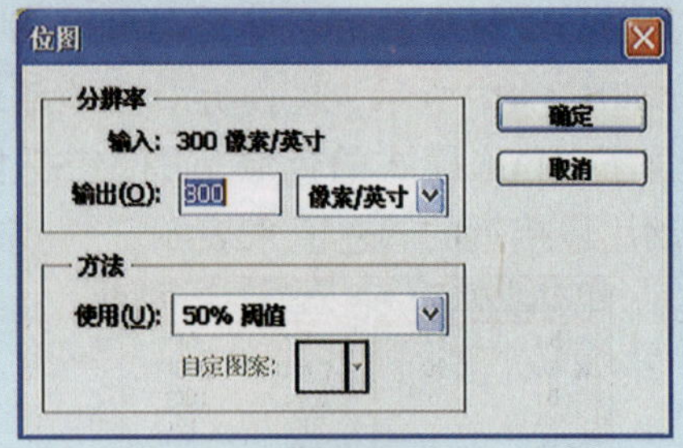

图3.10

（12）将作品保存在自己的文件夹下，名称为“大白鹅.psd”。

【小技巧】

彩色模式只有先转换为灰度模式后，才能进一步转换为位图模式。

2.画中画（饱和度/明度调整）

主要知识点：自定义图案，“自定图案”位图方式。

【效果图】

图3.11

【素材】

sc312

【做一做】

（1）打开素材文件“sc312.jpg”。

【原图分析】原图中图像整体光线明朗，而衣裤及头顶部位颜色又偏深，这在图像转换为位图时将会由于出现大片白色和黑色区域而缺乏层次，所以在制作画中画效果前应对其原图进行调整。

（2）按“F8”键打开信息面板，单击面板右面的“第二颜色信息”区域中的吸管，并在下拉菜单中选择“灰度”项，以便于后续步骤中观察图像色彩信息，如图3.12所示。

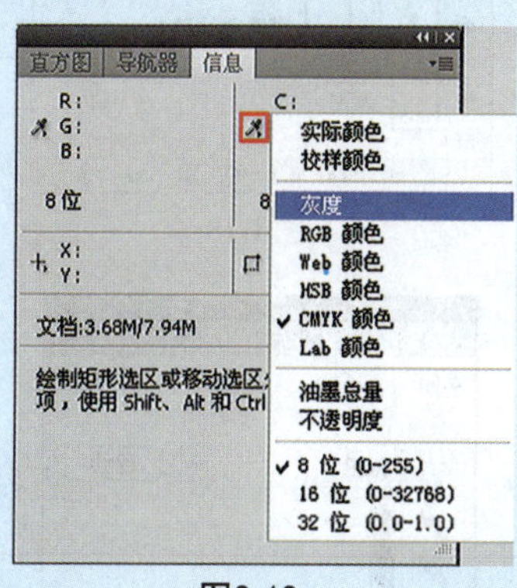

图3.12

（3）按“F7”键打开图层面板，单击“新建填充或调整图层”按钮，并点选弹出菜单中的“亮度/对比度…”命令，建立“亮度/对比度1”调整图层；在相应的调整面板中调整“亮度”= -10，“对比度”=50，使图像明暗对比增强的同时，整体适当变暗，如图3.13所示。

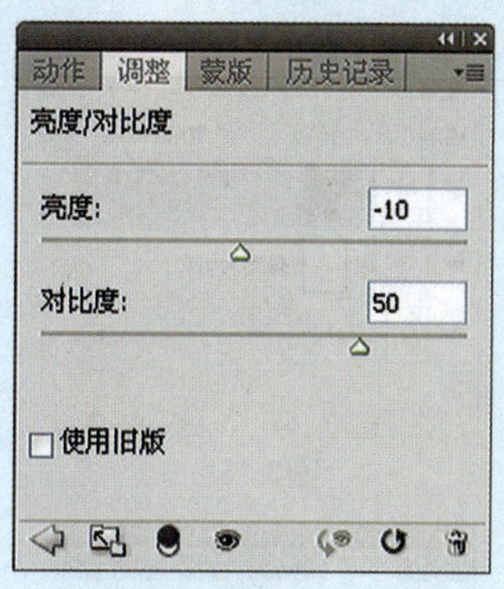

图3.13

（4）为了避免蓝色头带与头发形成大片黑色区域，进行如下操作：选择“背景”图层；执行菜单命令“选择”→“色彩范围…”，在弹出窗口中设置调整“颜色容差”=50，用鼠标点选图像中蓝色头带区域，单击“确定”按钮返回，如图3.14所示。

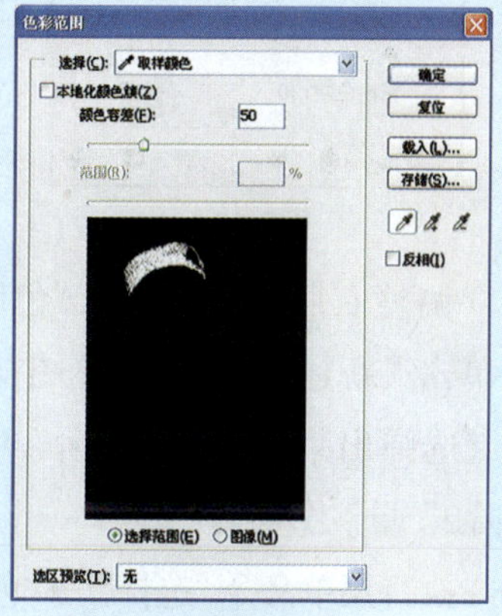

图3.14

（5）选择“亮度/对比度1”图层；单击“新建填充或调整图层”按钮，并点选弹出菜单中的“色阶”项，以当前选区为蒙版建立“色阶1”调整图层，如图3.15所示。

（6）在相应的调整面板中设置“输入色阶”最右边输入框中的“亮部色阶”值=80，将小孩头带调整为天蓝色，如图3.16所示。

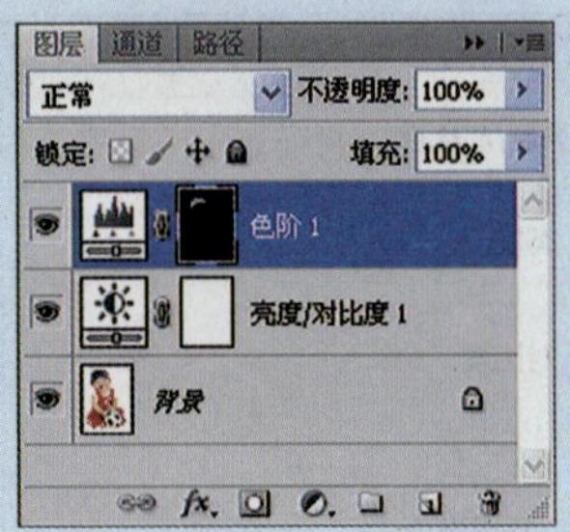

图3.15

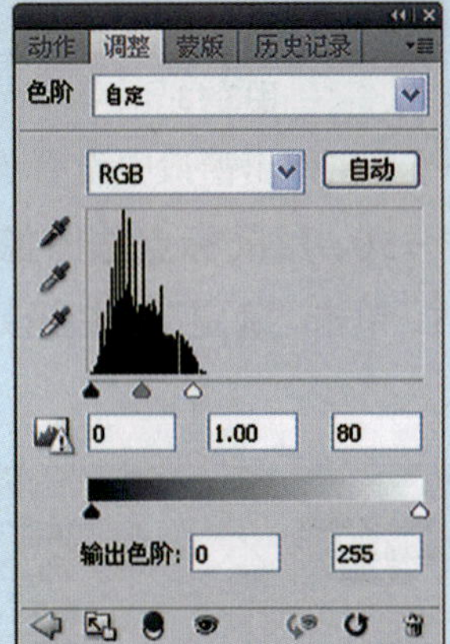

图3.16

（7）调整衣服部分：选择“色阶1”图层；单击“新建填充或调整图层”按钮，并点选弹出菜单中的“色阶”项，建立“色阶2”调整图层。

（8）执行菜单命令“选择”→“色彩范围…”，在弹出窗口中设置“颜色容差”=50，用鼠标点选图像中红色衣服区域，单击“确定”按钮返回，如图3.17所示。

（9）“色阶2”调整图层的蒙板被自动设定为“色彩范围”获得的选区，如图3.18所示。

（10）在相应的调整面板中设置“输出色阶”最右边输入框中的亮部色阶值为220，单击“确定”按钮返回，如图3.19所示。

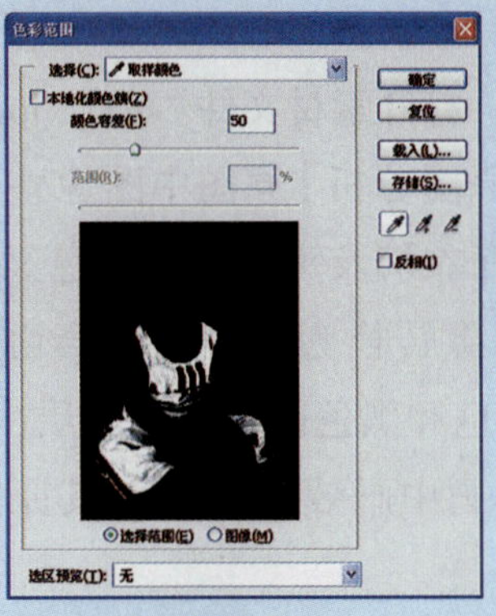

图3.17

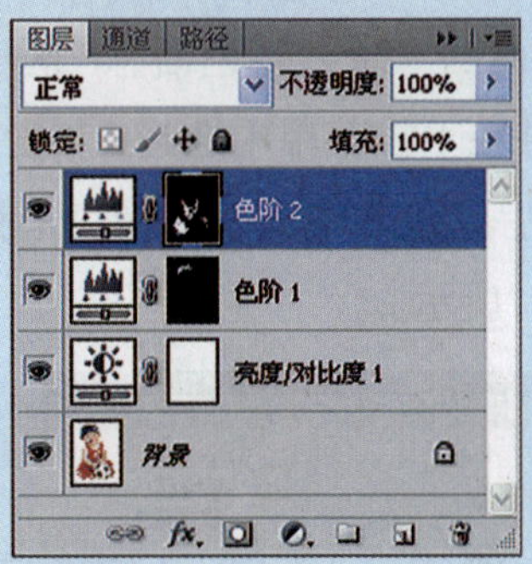

图3.18

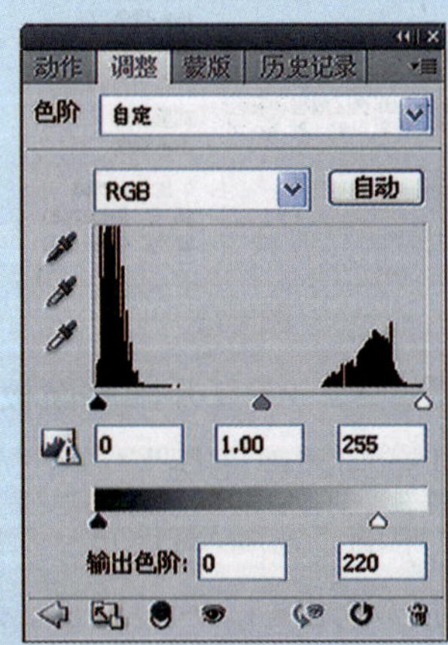

图3.19

（11）当前效果如图3.20所示。

（12）执行“图像”→“模式”→“灰度”命令，并在弹出提示框中选择“拼合图层”，把图像强制转换为灰度模式。

（13）按快捷键“Ctrl +A”或执行

图3.20

“选择”→“全部”命令，选择全部图像；按快捷键“Ctrl+C”拷贝当前图像；按快捷键“Ctrl +N”或执行“文件”→“新建”命令，在弹出窗口中直接单击“确定”按钮，新建一个图像；在新建图像中按快捷键“Ctrl+V”粘贴该图像。

【小技巧】

当剪贴板中有拷贝的图像信息时，PS“新建”命令弹出窗口中的默认值会自动按剪贴板中图像的大小、分辨率、颜色模式等进行设定。

(14) 在新建图像中，按快捷键“Alt+Ctrl+I”或执行“图像”→“图像大小”命令，在弹出窗口中勾选“缩放样式”“约束比例”“重定图像像素”；将“像素大小”栏中的宽度项数值由原来的977改为40，其他数据栏中的数值会自动随之变化，单击“确定”按钮返回，如图3.21所示。

(15) 继续在新建图像中，执行“编辑”→“定义图案”命令，在弹出窗口中给图案取个名字，比如“小孩”，单击

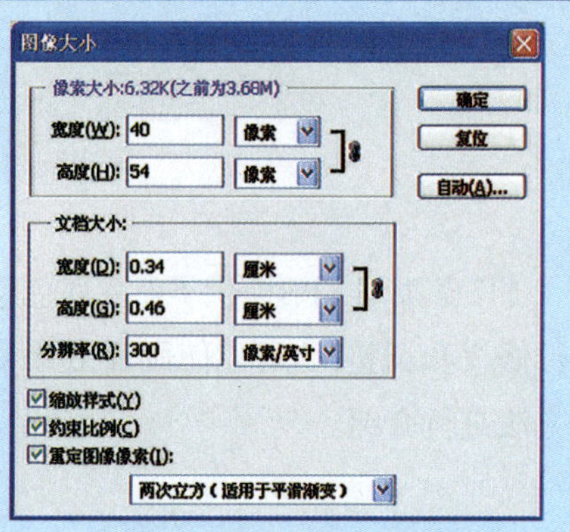

图3.21

“确定”按钮返回，如图3.22所示。

图3.22

(16) 关闭新建图像文件，并在保存提示对话框中选择“否”。

(17) 回到原图像中，执行“图像”→“模式”→“位图”命令，在“方法使用”项选择“自定图案”；在自定图案的图案选框中选择刚自定义的图案，单击“确定”按钮返回，如图3.23所示。

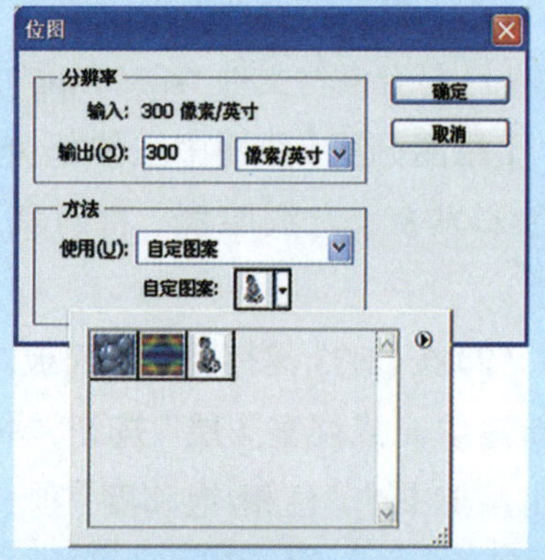

图3.23

(18) 将作品保存在自己的文件夹下，名称为“画中画.psd”。

任务二　调色工具总动员

【任务概述】PS提供了一系列色彩调整指令，利用这些指令可以对图像的色彩效果进行修改和调整，也可以使画面效果看起来更加完美，本任务将对一些常用的调色指令和方法进行介绍。

1.娇艳玫瑰（饱和度/明度调整）

主要知识点：了解自动色调、饱和度/明度调整工具。

【效果图】

图3.24

【素材】

sc321

【做一做】

（1）打开素材文件“sc321.jpg”。

【原图分析】原图中主体部分的玫瑰色彩发灰、光线暗淡，将对其进行调整。

（2）按“F7”键打开图层面板，单击“新建填充或调整图层”按钮，并点选弹出菜单中的“色相/饱和度”项，如图3.25所示。

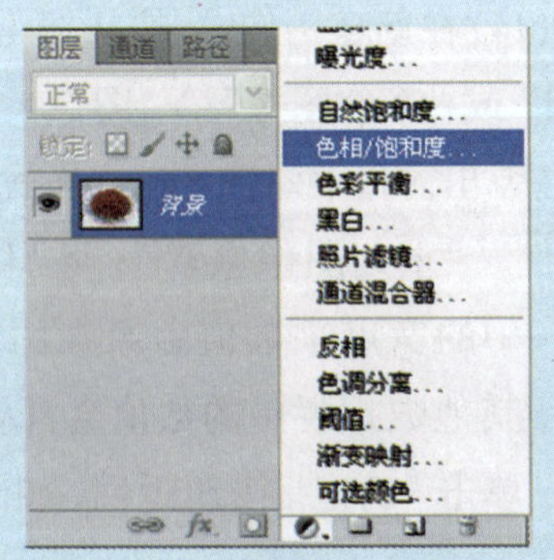

图3.25

在自动切换的调整面板中设置：色相为+3，饱和度为+30，明度为0。如图3.26所示。

观察当前图片，色彩较原图亮丽了，不过色彩和明暗对比不够，画面整体显

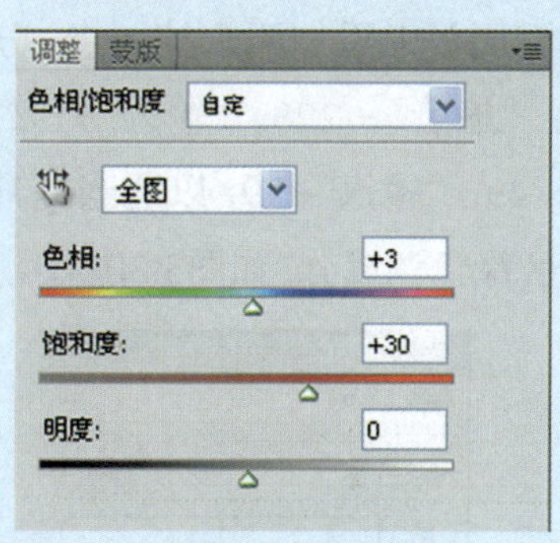

图3.26

得“平”，继续进一步进行调整。

（3）按组合键“Ctrl+Alt+Shift+E”，盖印可见图层，得到图层1；将图层1选中，单击“图像”→“自动色调”命令或按组合键“Shift+Ctrl+L”，完成本次操作。

【小技巧】

组合键“Ctrl+Alt+Shift+E”盖印可见图层是一个很常用的工具。盖印可见图层就是把当前所有可见图层的效果合并叠加后盖印到一个新的图层上，功能和合并可见图层差不多。不过因为盖印是重新生成一个新的图层而不会影响之前所处理的图层，这样如果你在盖印后对之前处理的效果不满意，可以删除盖印图层，对之前的效果重新进行调整。

（4）将作品保存在自己的文件夹下，名称为“玫瑰.psd”。

2.青瓷瓶

主要知识点：曲线调整工具。

【效果图】

图3.27

【素材】

sc322

【做一做】

（1）打开素材文件“sc322.jpg”。

【原图分析】原图是室内拍摄的，图像颜色整体比较灰暗，且颜色偏红，未能准确反映青瓷瓶的色彩与质感。

（2）执行“窗口”→“调整”命令，打

开"调整面板"；单击"曲线"图标，为当前背景图层添加"曲线1"调整图层，如图3.28所示。

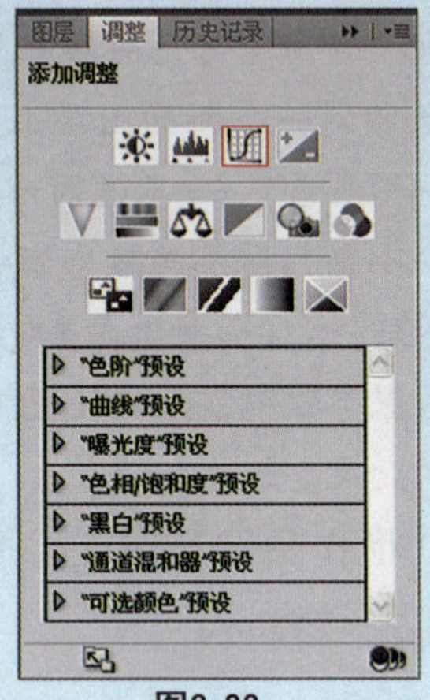

图3.28

（3）按快捷键"Alt+5"或鼠标点选调整面板中的通道项为"蓝"。鼠标拖动在调整面板中添加两个控制点，分别设置为："输出"=224，"输入"=172；"输出"= 44，"输入"=48，以大幅提升图像高光区蓝色调成分，如图3.29所示。

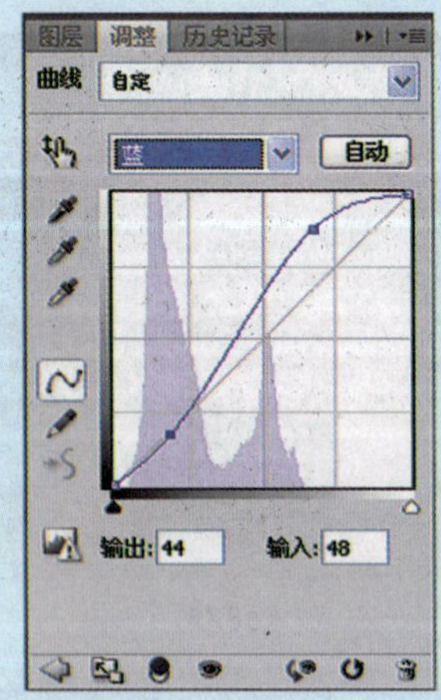

图3.29

（4）按快捷键"Alt+4"或鼠标点选调整面板中的通道项为"绿"。鼠标拖动在调整面板中添加两个控制点，分别设置为："输出"= 223，"输入"=192；"输出"= 49，"输入"=59，以适当提升图像高光区绿色调成分，如图3.30所示。

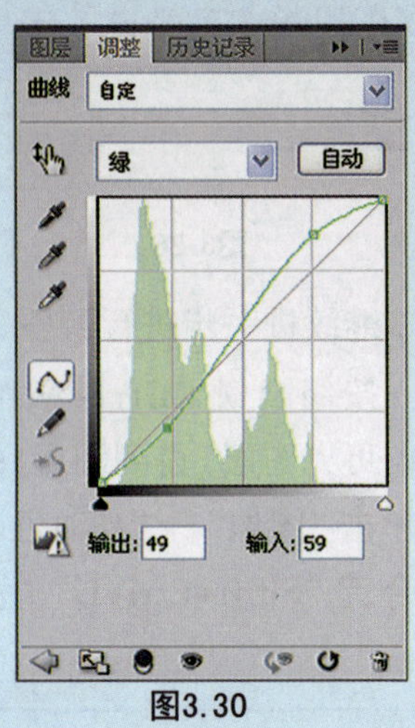

图3.30

（5）按快捷键"Alt+3"或鼠标点选调整面板中的通道项为"红"。鼠标拖动在调整面板中添加两个控制点，分别设置为："输出"= 228，"输入"=212；"输出"= 41，"输入"=56，略微提升图像高光区红色调成分，如图3.31所示。

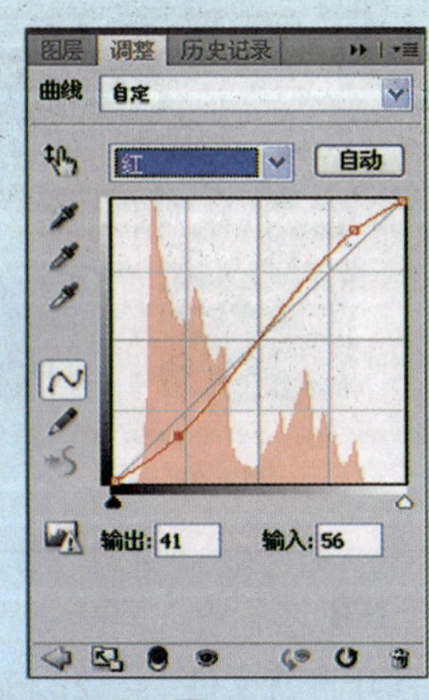

图3.31

（6）按快捷键“Alt+2”或鼠标点选调整面板中的通道项为“RGB”。鼠标拖动在调整面板中添加一个控制点，设置：“输出”= 166，“输入”=126，整体提升图像亮度，如图3.32所示。

（7）至此，调整完毕，将作品保存在自己的文件夹下，名称为“青瓷瓶.psd”。

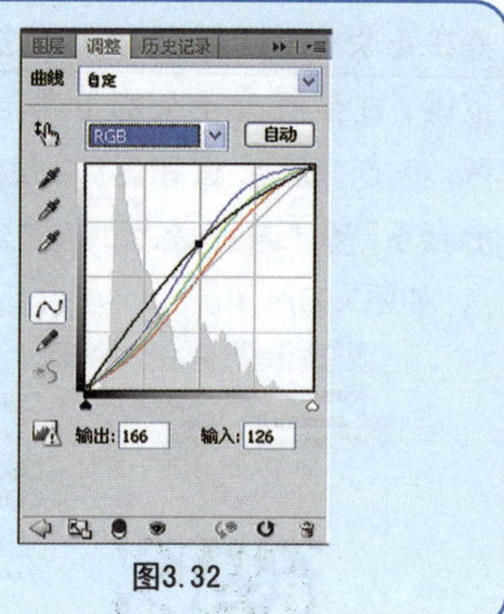

图3.32

3.花儿为什么这样红

主要知识点：色相/饱和度调整工具。

【效果图】

图3.33

【素材】

sc323

【做一做】

（1）打开素材文件“sc323.jpg”。

【原图分析】本例把原图中素雅的淡黄色花朵替换为喜庆的红色花朵。

（2）执行“选择”→“色彩范围”命令，并在图3.34中红圈内的花朵上单击，建立基本选区。

（3）继续点选“色彩范围”中的“添加到取样”工具，调整“颜色容差”=5,

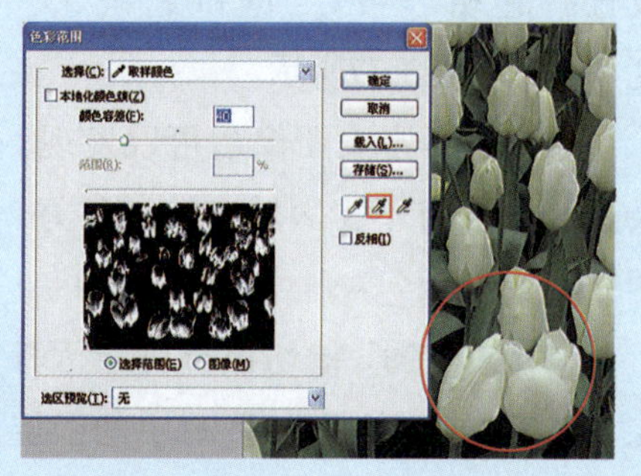

图3.34

并在花朵的不同部位点击，以扩大选区范围，直至所有花朵部分都加入到选区，单击“确定”按钮返回。使用“多边形套索”等工具在选区中减去多余的杂点，如图3.35所示。

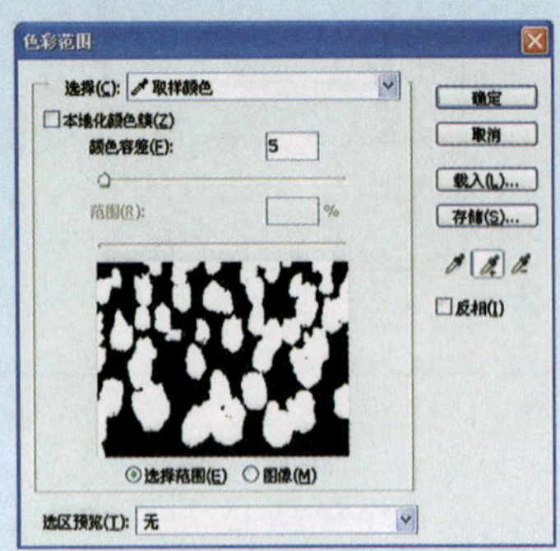

图3.35

（4）执行“窗口”→“调整”命令或通过鼠标单击切换到“调整”面板，点选“色相/饱和度”建立新的调整图层，系统会自动把当前选区转换为调整图层的蒙版，如图3.36所示。

图3.36

（5）在“色相/饱和度1”调整图层中设置：“色相”=-77，“饱和度”=75，“明度”=-6，如图3.37所示。

（6）局部放大图像后可以发现，花朵边缘部分有不少区域未被调整好，如图3.38所示。

（7）按“F8”键切换到图层面板，在“色相/饱和度1”调整图层的图层蒙版图标上单击右键，选择弹出菜单中的“调整蒙版”命令；点选弹出窗口左侧的

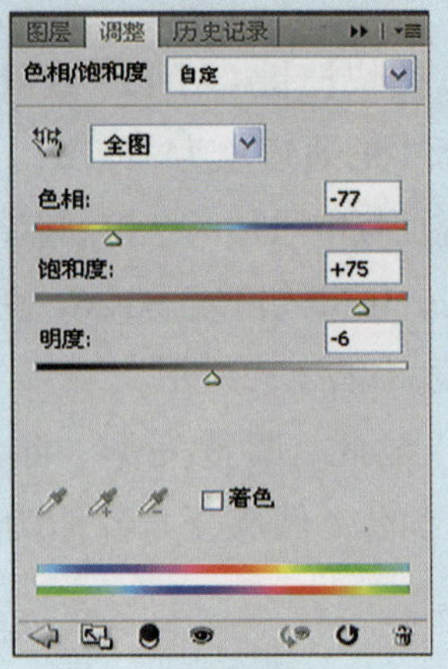

图3.37

图3.38

“调整半径”工具，鼠标在花朵边缘未被调整的区域处涂抹，以更精确地调整选区，如图3.39所示。

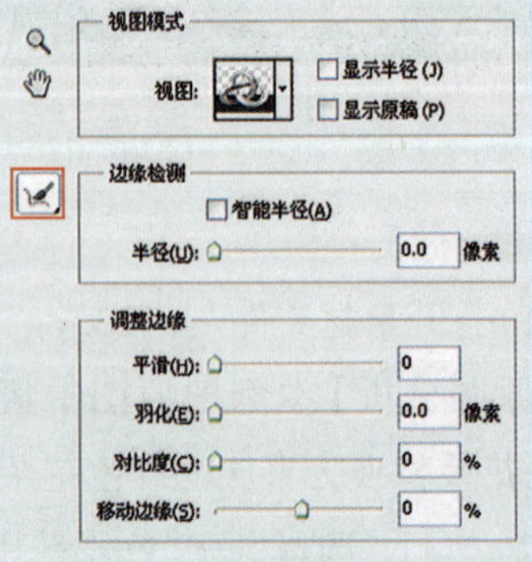

图3.39

（8）调整完毕，将作品保存在自己的文件夹下，名称为“花儿为什么这样红.psd。”制作完毕。

4.字画

主要知识点：色阶和黑白色彩调整工具。

【效果图】

图3.40

【素材】

sc324

【做一做】

(1) 打开素材文件“sc324.jpg”。

(2) 用“裁剪”工具，将图片修剪，保留图像中头部部分。

(3) 按快捷键“Ctrl+J”，复制背景层生成“图层1”。

(4) 选中“图层1”，按快捷键“Shift+Ctrl+U”去色。按快捷键“Ctrl+L”打开“色阶”对话框，如图3.41的设置，适当降低图像亮度、增加对比度。

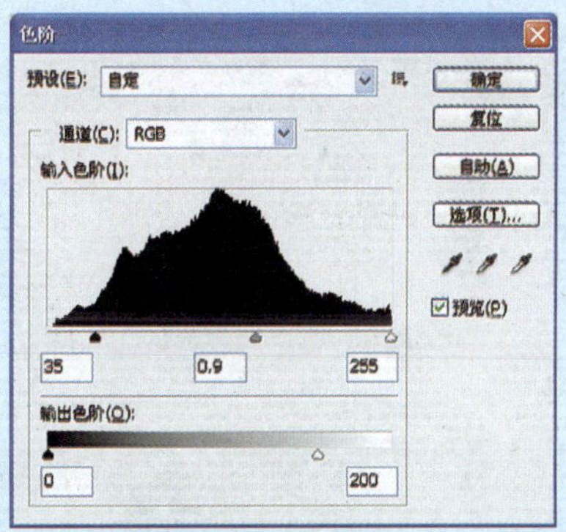

图3.41

其效果如图3.42所示。

图3.42

(5) 新建“图层2”，并填充白色。

(6) 选择“文字”工具并按图3.43设置后，输入文字填满画面。

(7) 执行“图层”→“栅格化”→“文字”命令，将文字栅格化。

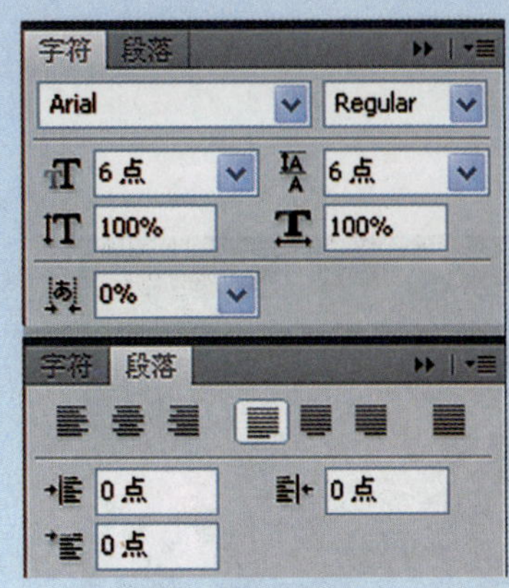

图3.43

(8) 按下“Ctrl”键并左键单击栅格化后的文字图层，为文字建立选区。

(9) 选中“图层2”，按下“Delete”键删除；按快捷键“Ctrl+D”取消选区，如图3.44所示。

图3.44

(10) 选中背景图层，按快捷键“Ctrl+J”复制，并将其移到图层面板顶层。将图层混合模式设为“颜色”，为字符着色。

(11) 选中背景图层，按快捷键“Ctrl+J”复制，并将其移到图层面板顶层。去色，将图层混合模式设为“颜色加深”，并降低其不透明度为50%，如图3.45所示。

图3.45

(12) 将“图层2”不透明度设为95%。

(13) 将作品保存在自己的文件夹下，名称为“字画.psd”。

5.水果的诱惑

主要知识点：色阶和黑白色彩调整工具。

【效果图】

图3.46

【素材】

sc325

【做一做】

(1) 打开素材文件“sc325.jpg”。

【原图分析】这次尝试将原图处理出类似水彩画的手绘效果。

(2) 执行“窗口”→“调整”命令或通过鼠标单击切换到“调整”面板，点选“自然饱和度”建立新的调整图层，如图3.47所示。

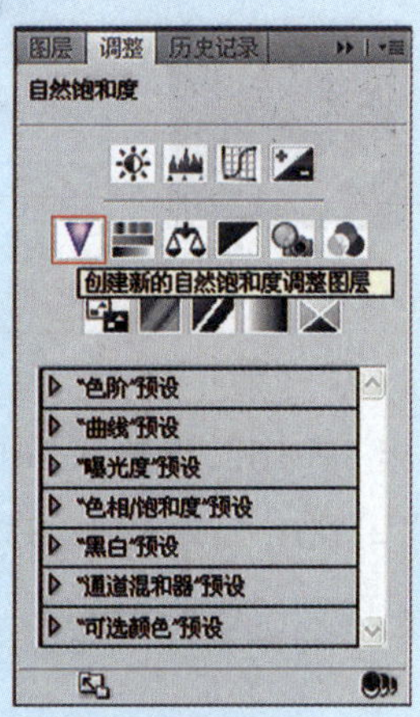

图3.47

(3) 在“调整”面板中设置：“自然饱和度”=+80，“饱和度”=+10；提升背景图像的饱和度，以使最终效果图更艳丽，如图3.48所示。

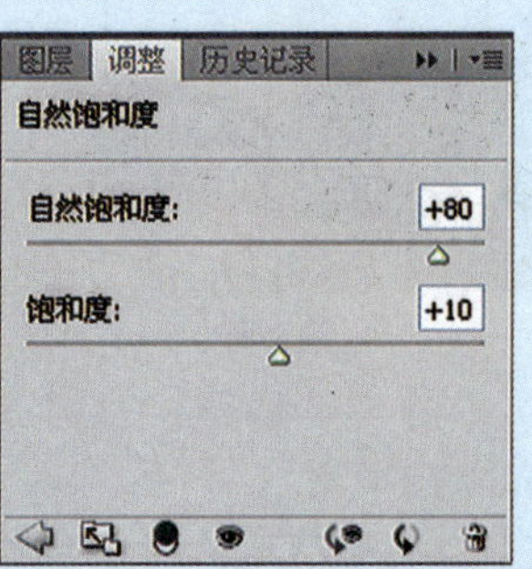

图3.48

(4) 按“F8”键打开图层面板，点选面板下方的“添加新的填充或调整图层”按钮；在弹出菜单中选择“色调分离”命令，建立新的调整图层“色调分离1”。

(5) 在“调整”面板中设置“色阶”=5，如图3.49所示。

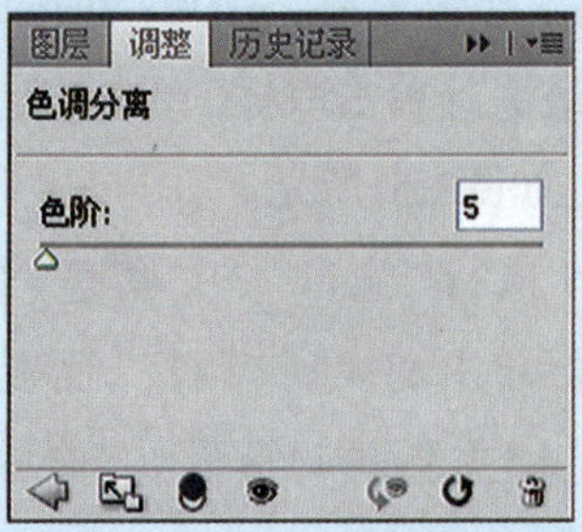

图3.49

(6) 结束调整，将作品保存在自己的文件夹下，名称为“果盘.psd”。

【牛刀小试】

1.旧船

主要知识点：图像调整知识综合应用。

【效果图】

图3.50

【素材】

sc331

【做一做】

（1）打开素材文件“sc331.jpg”。

【原图分析】原图是一张黑白照片，本例将对其进行着色。

（2）执行“图像”→“模式”→“RGB颜色”命令；将原来的灰度图像转换为彩色RGB模式。

（3）执行“选择”→“色彩范围”命令，设置“颜色容差”=200，并在原图木船颜色最深处单击取样，单击“确定”按钮返回，如图3.51所示。

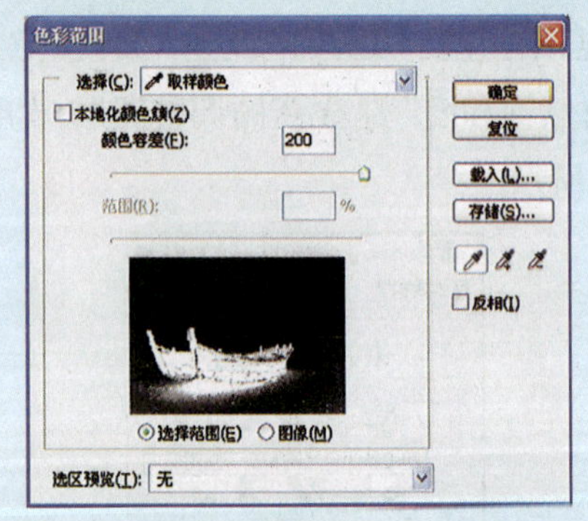

图3.51

（4）执行“窗口”→“调整”命令或通过鼠标单击切换到“调整”面板，点选“曲线”建立新的调整图层“曲线 1”；系统会自动把当前选区转换为调整图层的蒙版。

（5）在“调整”面板中分别设置：红通道“输出”= 162，“输入”=96；绿通道“输出”= 110，“输入”=153；蓝通道“输出”= 123，“输入”=143，如图3.52所示。

（6）重复第三步执行“选择”→“色彩范围”命令，在原图沙滩浅色处单击取样；在建立的选区中减除天空和海水部分，如图3.53所示。

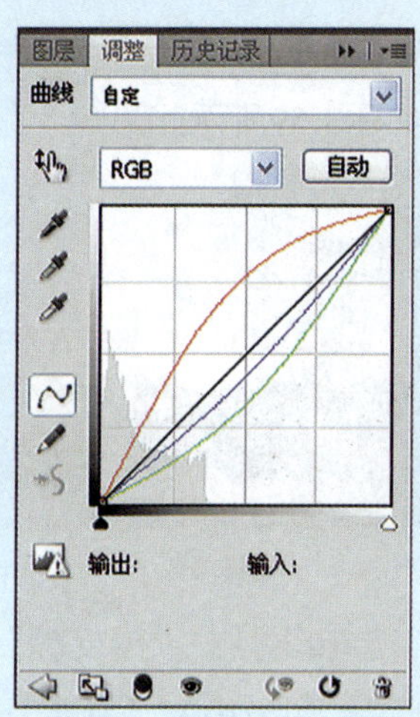

图3.52

图3.53

(7)重复第4步的操作，建立新的调整图层“曲线 2”。

(8)在“调整”面板中分别设置：红通道“输出”= 161，“输入”=91；绿通道“输出”= 145，“输入”=125；蓝通道“输出”=212，“输入”=255；“输出”= 184，“输入”=199；“输出”= 62，“输入”=113；RGB通道“输出”= 66，“输入”=85；“输出”= 226，“输入”=183，如图3.54所示。

(9)按快捷键“F8”切换到图层面板，按住“Ctrl”键的同时单击“曲线1”图层缩略图，载入该图层选区；按组合

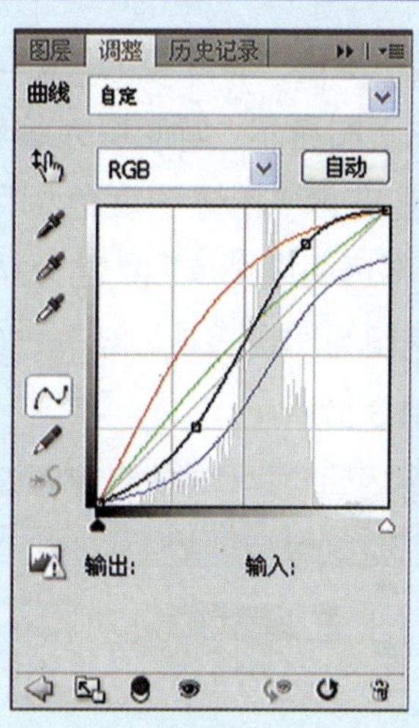

图3.54

键“Shift+Ctrl+I”或执行菜单命令“选择”→“反向”；选取天空和海边部分区域。

(10)单击图层面板下方“创建新的填充或调整图层”按钮，并选择“渐变”命令，新建“渐变填充1”图层，如图3.55所示。

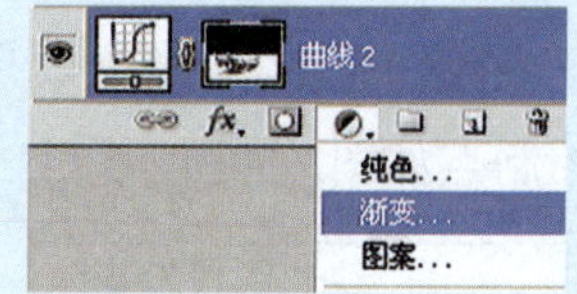

图3.55

(11)在弹出的“渐变填充”窗口中设置：“样式”=线性，“角度”=90°，“缩放”=100%，勾选“反向”和“与图层对齐”项，如图3.56所示。

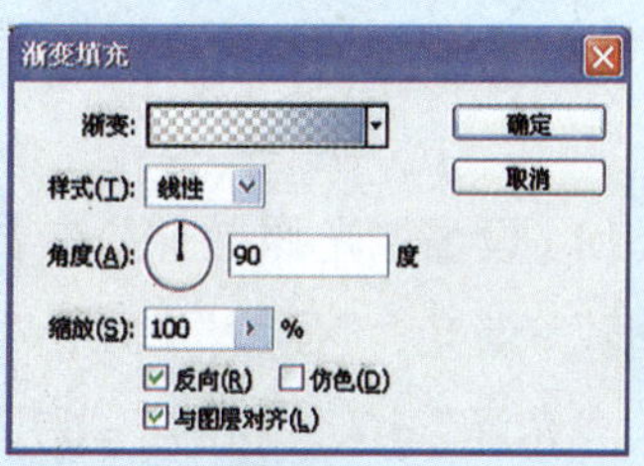

图3.56

（12）双击“渐变填充”窗口中渐变图框，在下图所示“渐变填充编辑器”窗口中调整右侧“不透明度色标”位置为70%；“不透明度中点”位置为36%，“色标”颜色设为“R”=80，“G”=150，“B”=200，如图3.57所示。

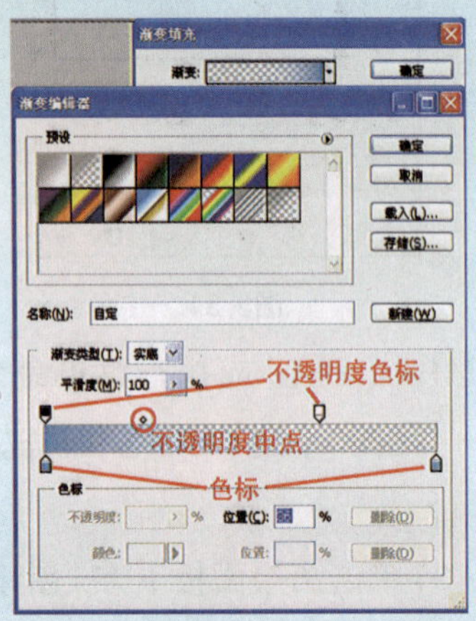

图3.57

（13）按组合键“Shift+Ctrl+Alt+E”盖印图层；执行菜单命令“滤镜”→“渲染”→“光照效果”；在“光照效果”窗口中调整控制点如图3.58所示。

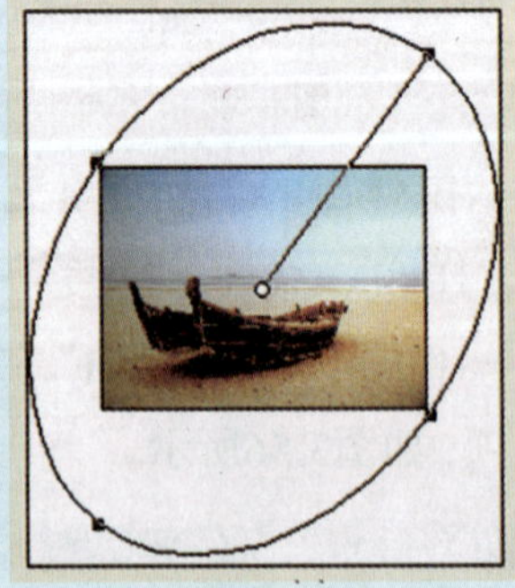

图3.58

（14）设置“光照效果”参数：“光照类型”=点光，“强度”=32，“聚集”=100，“光泽”=0，“材料”=69，“曝光度”=0，“环境”=4；单击“确定”按钮返回，效果如图3.59所示。

图3.59

（15）选取工具栏“橡皮擦”工具，设置笔刷“大小”=100，“硬度”=0，“不透明度”=10%，“流量”=40；在图像左下角及右下角轻涂，以消去这两处的三角形黑色块。

（16）最后，再次添加“曲线”调整图层，两个控制点分别为“输出”= 38，“输入”=54；“输出”= 227，“输入”=206。完成后的图层结构如图3.60所示。

图3.60

（17）将作品保存在自己的文件夹下，名称为“旧船.psd”，制作完毕。

2.彩虹黄果树瀑布

【效果图】

图3.61

【素材】

sc332

【做一做】

(1) 打开素材文件"sc332.jpg"。

(2) 单击调整面板中的"创建新的色阶调整图层",将参数设置为"59, 1.00, 240"。

(3) 单击调整面板中的"创建新的自然饱和度调整图层",将参数设置为"自然饱和度: 93, 饱和度: 10"。

(4) 单击"调整面板"中的"创建新的亮度/对比度调整图层",将参数设置为"亮度"-23,"对比度": 38",其效果如图3.62所示。

图3.62

(5) 按组合键"Ctrl+Shift+Alt+E"盖印可见图层生成"图层1"。

(6) 按快捷键"Ctrl+J"生成"图层1副本",将其图层混合模式设置为"柔光"。

(7) 单击图层面板底部的"添加矢量蒙版"按钮,为"图层1副本"添加蒙版,设置"前景色"为黑色,用"柔边画笔"工具将图像右侧的山涂抹出来。这样,就加深了照片左侧的颜色,并让右侧保持不变,如图3.63所示。

图3.63

(8) 按组合键"Ctrl+Shift+Alt+E"盖印可见图层,生成"图层2"。

(9) 选择"魔棒"工具,设置容差值为10,点选天空,这时会选中瀑布的一部分,使用"套索"工具,以减少选区的方式减去。

（10）执行“选择”→“修改”→“扩展”命令，扩展选区为2 px。按快捷键“Shift+F6”羽化选区为1 px。

（11）打开素材“sc332.jpg”，按快捷键“Ctrl+A”全选，按快捷键“Ctrl+C”进行复制。

（12）回到黄果树照片，按组合键“Ctrl+Shift+Alt+V”将天空粘贴入选区之中，如图3.64所示。

图3.64

（13）选择“渐变”工具，打开“渐变编辑器”，单击“透明彩虹渐变”，并将其调整如图3.65所示。

（14）新建空白图层并以“径向渐变”方式在图中拉出一条较大的彩虹。如图3.66所示。

（15）按快捷键“Ctrl+T”调整好彩虹的位置，将右边用“柔边大橡皮”工具抹掉，并将图层的不透明度调整为20%左右即可。

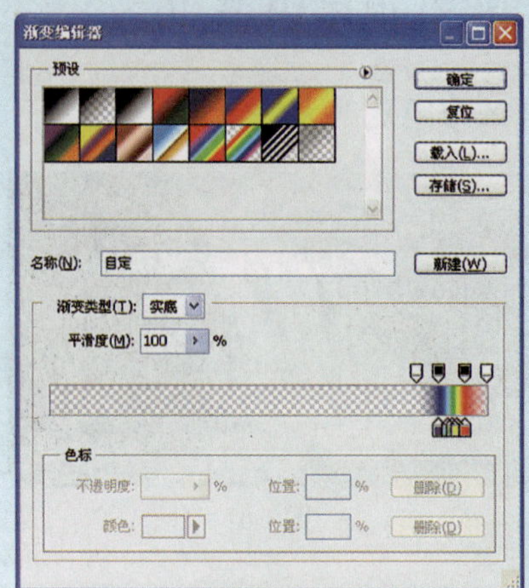

图3.65

图3.66

（16）将作品保存在自己的文件夹下，名称为“彩虹黄果树.psd”。

【我创作、我快乐】

1.我的教室

【效果图】

【素材】(sc341)

【任务要求】原图是一幅典型的非专业人士拍摄的照片，平淡而缺乏层次。请在保持图中屏幕色彩的同时，通过调整，使图片更富于层次和对比。

【操作提示】可使用“曲线”或“亮度/对比度”调整命令进行色彩调整，图中屏幕色彩的保持可以使用调整图层蒙版的方式或图层叠加的方式来完成。

2.黑白中的华丽

【效果图】

【素材】(sc342)

【任务要求】这是一张黛奥丽·赫本的黑白照片，利用色彩调整命令将其调整为彩色照片。

【操作提示】

(1) 对图像做一个选择区域划分，如头发、皮肤、眉毛、眼睛、衣服、背景等。

(2) 分别选取各区域，注意选区应有一定的羽化值。

(3) 利用色阶、曲线、色彩平衡、亮度/对比度、色相/饱和度等命令调整各区域，从而达到理想的效果。

模块四 点睛之字

——文字的编排与处理

【模块综述】

在平面设计中，文字也是重要的一部分，将文字与图形相结合才能更好地表达设计内容。文字表现的形式有各种各样，将文字制作出特殊的效果，才更能将画面主题表现得淋漓尽致，使得画面更具美感。在制作文字特效之前，需要用“文字”工具输入文字，然后对文字图层进行各种编辑后才能将普通文字制作出特效效果。文字特效制作常会用到图层样式和各种滤镜命令。

模块目标：

- “文字”工具的分类。
- 美术文字与段落文字。
- 文字基本属性控制。
- 变形文字的创建。
- 文字跟随路径。
- 文字转换路径。
- 栅格化图层。
- 在文字图层中添加图层样式。

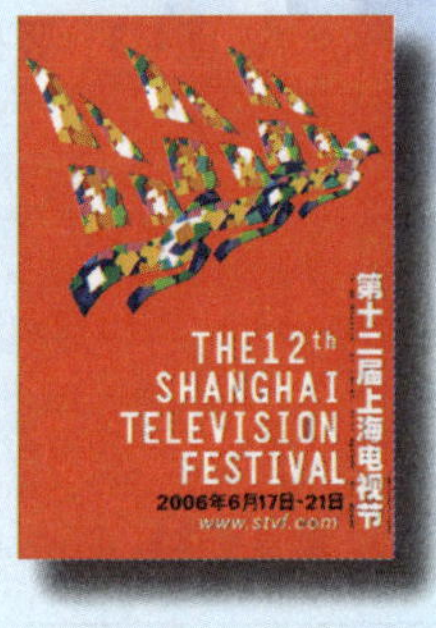

任务一　基础文字编辑

【任务概述】学习用“文字”工具输入和编辑各式各样的文字，掌握有关文字的对齐、排列、缩放、调整颜色和变形等基本操作。

1.基本文字排版

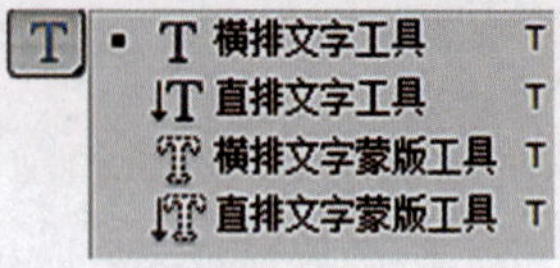

T 横排文字工具 T
直排文字工具 T
横排文字蒙版工具 T
直排文字蒙版工具 T

图4.1

在Photoshop软件中提供的文字输入工具有以下4种：“横排文字”工具、“直排文字”工具、“横排文字蒙版”工具、“直排文字蒙版”工具，如图4.1所示。

所输入的文字方向为横向，则选择“横排文字”工具，若是纵向则选择“直排文字”工具，在画面中单击，出现输入光标后即可输入文字，按回车键可换行，如图4.2和图4.3所示。若需结束输入可按“Ctrl+Enter”键或单击公共栏的“提交”按钮。Photoshop将文字以独立图层的形式存放，输入文字后将会自动建立一个文字图层，图层名称就是文字的内容。如图4.4所示。

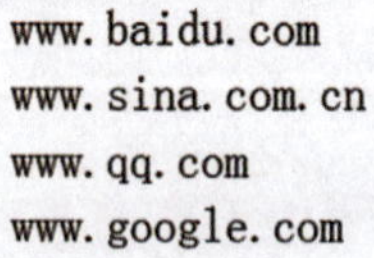

www.baidu.com
www.sina.com.cn
www.qq.com
www.google.com

图4.2　横排文字

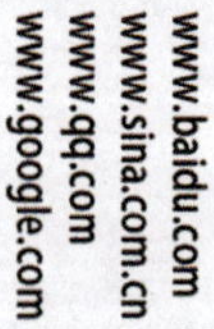

www.baidu.com
www.sina.com.cn
www.qq.com
www.google.com

图4.3　竖排文字

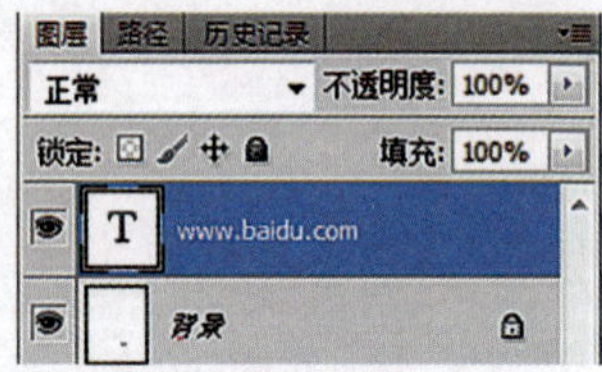

图4.4　文字层

2.文字工具的分类

● 文字工具栏，如图4.5所示。

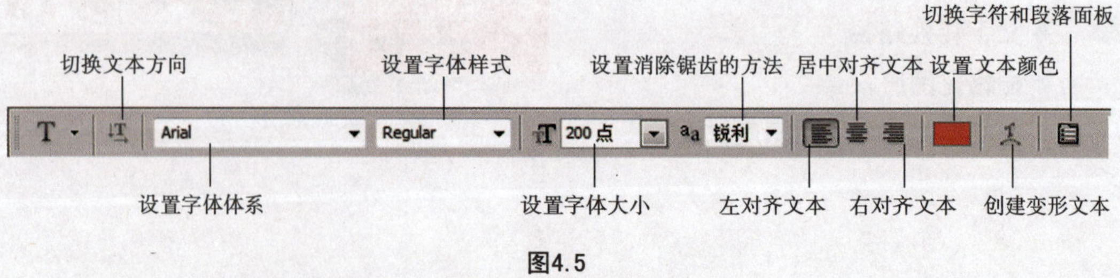

图4.5

● “字符”和“段落属性”对话框，如图4.6、图4.7所示。

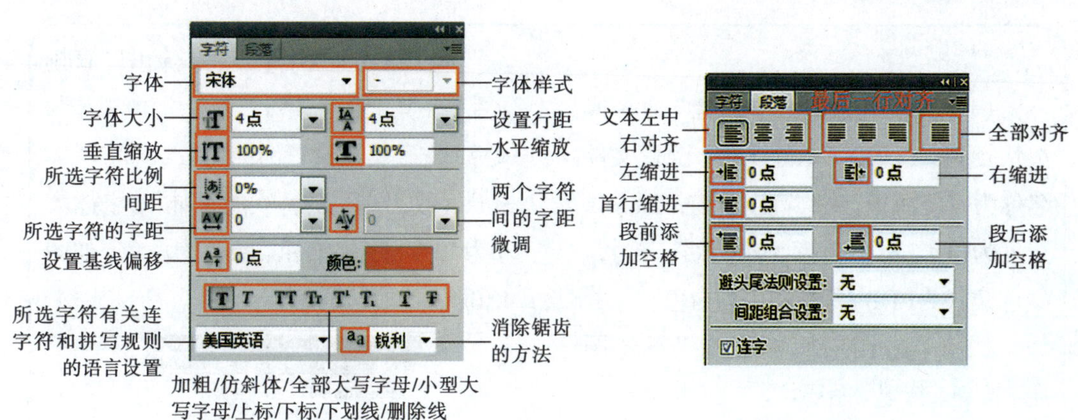

图4.6　　　　图4.7

【小贴士】

⚹在工具属性栏中，把鼠标放在某一属性按钮上1~2 s光标右下方就会显现出属性栏的功用名称。

3.临摹宣传海报

主要知识点：文字“横竖排输入”工具，文字属性设置，描边。

【效果图】

图4.8

【素材】

sc413

【做一做】

(1) 执行“文件”→“新建”命令或按快捷键“Ctrl+N”新建文件：设置文件名称为宣传海报，文件高度为27.62 cm，宽度为19.4 cm，分辨率为200像素/英寸，颜色模式为RGB，背景颜色为白色。

(2) 单击图层面板上的“新建图层”按钮，新建“图层1”。

(3) 单击“前景色”按钮，在打开的拾色器中设置前景色为红色“#fe0303”（R254, G3, B3），单击“确定”按钮。并同时按快捷键“Alt+Delete”，以快捷方式将选区填充前景色红色作为背景。

(4) 打开素材文件“sc413.tif”。

(5) 选择工具箱中的“魔术棒”工具，选择白色背景，按组合键“Ctrl+Shift+I”进行反选，选中该对象，使用“移动”工具将其移动到新建的文件中并放在相对应的地方，如图4.9所示。

图4.9

(6) 输入文字：单击工具箱中“直排文字”工具，输入“第十二届上海电视节”文字，文字属性设置为：字体“Adobe黑体Std”（或另选自己喜欢的字体）、字体大小为42点、字体加粗、颜色为白色，如图4.10所示。

图4.10

(7) 复制生成“文字副本层”。单击鼠标右键选择“栅格化文字层”，则把文字层更改为普通图层，如图4.11所示。

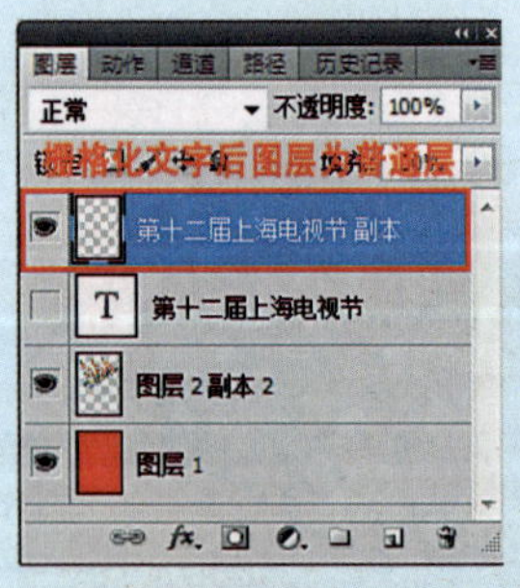

图4.11

(8) 执行“编辑”→“描边”命令，在弹出的“描边”对话框中设置“宽度为2 px，颜色为白色”。

(9) 单击“直排文字”工具，在相对应的位置输入段落文字“主办：国家广播电影电视总局上海市人民政府承办：

上海市文化广播影视管理局上海文化广播影视集团”文字。文字具体属性为：字体“Adobe黑体Std”，字体大小为8点，字体加粗，颜色为“#3a3939”。

（10）再次单击“横排文字”工具在相对应的位置输入段落文字“THE12th SHANGHAI TELEVISION FESTIVAL”。文字具体属性设置为：字体“Adobe黑体Std”，字体大小为45点，行距为55点，垂直缩放为130%，水平缩放为100%，字体加粗，颜色为白色。

（11）使用“横排文字”工具在相对应的位置输入段落文字“2006年6月17日—21日”。文字具体属性设置为：字体“Adobe黑体Std”，字体大小为30点，行距为30点，垂直缩放为90%，水平缩放为100%，字体加粗，颜色为“#3a3939”。

（12）最后使用“横排文字”工具在相对应的位置输入段落文字“www.stvf.com”。文字具体属性设置为：字体“Adobe黑体Std”，字体大小为30点，行距为30点，垂直缩放为90%，水平缩放为100%，字体加粗、斜体，颜色为白色。

（13）最后完成作品，如图4.8 所示。

【小贴士】

✲ 在“魔术棒”工具的属性栏中有“连续的”选项，此选项主要控制添加选择区域的连续性。勾选此选项，在图像中只能选择与鼠标落点处像素颜色相近且相连的部分；不勾选此选项，在图像中则可以选择所有与鼠标落点处像素颜色相近的部分。

✲ 如果要更改已输入文字的内容，在选择了“文字”工具的前提下，将鼠标停留在文字上方，光标将变为I，单击后即可进入文字编辑状态。编辑文字的方法和使用常用的文字编辑软件(如Word)一样。可以在文字中拖动选择多个字符后单独更改这些字符的相关设定。

✲ 需要注意的是如果有多个文字层存在且在画面布局上较为接近，那就有可能单击编辑其他的文字层。遇到这种情况，可先将其他文字图层关闭(隐藏)，被隐藏的文字图层是不能被编辑的。

✲ 在输入文字的过程中，按“Ctrl”键，可以为输入的文字添加一个变形框，利用此变形框可以对文字进行移动、缩放、旋转和倾斜等操作。

任务二　文字特效

【任务概述】利用“形状”工具和“路径”工具都可以在图像中绘制出路径，再结合“文字”工具即可将绘制的各种形状的路径转换为文本框，输入的文字将沿路径形状排列。将文字与图形结合，可制作出各种有趣的图形效果。

1.制作沿路径排列的文字

主要知识点：“形状”工具，“路径”工具，文字沿路径形状排列。

【效果图】

图4.12

【做一做】

（1）新建文件：执行“文件”→“新建”命令或按快捷键“Ctrl+N”，在弹出宽度为5 cm，高度为6.77 cm，分辨率为200像素/英寸，颜色模式为RGB，背景颜色为白色，单击“确定”按钮。

（2）执行菜单“视图”→“新建参考线”命令，在弹出的对话框中设置第一根参考线“取向”为“水平”，“位置”为2.2 cm；用同种方法设置第2根、第3根、第4根参考线的数据分别为：“取向”水平，“位置”为6.6 cm；“取向”垂直，“位置”为0.85 cm和4.15 cm，如图4.13所示。

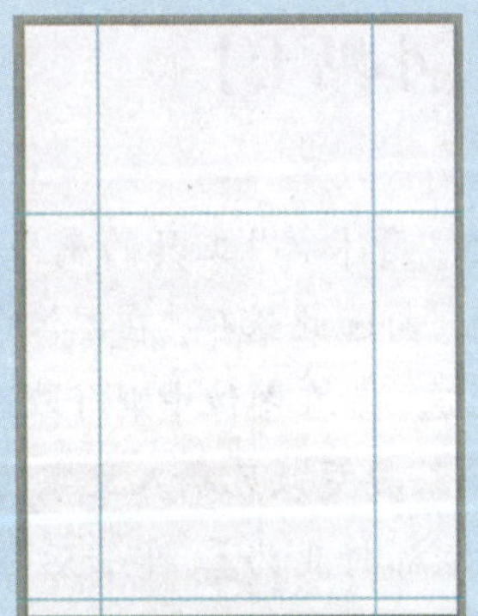

图4.13

（3）单击“椭圆形”工具，在属性栏上设置为“路径”→“椭圆形工具”→“添加到路径区域”，设置好后在画布上画出椭圆形路径，并放置好位置如图4.14、图4.15所示。

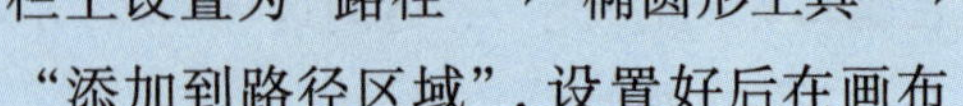

图4.14

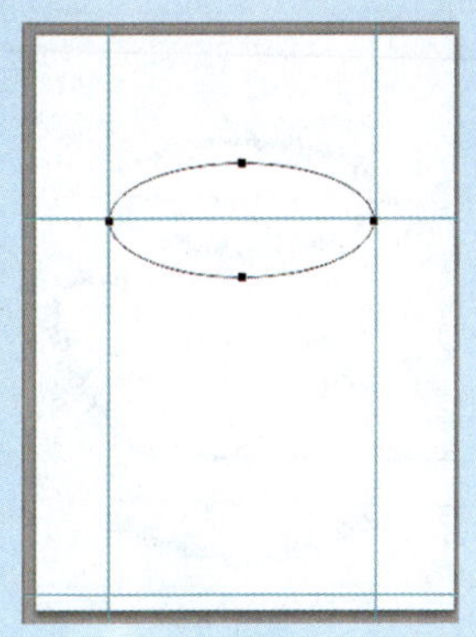

图4.15

(4) 选择"文字"工具，在属性栏上设置文字字体为"方正启体简体"，大小为"8点"，设置消除锯齿的方法为"锐利"，文字为"左对齐"，颜色为"黑色"(#000000)，如图4.16所示。

图4.16

(5) 在椭圆形路径的任意地方单击鼠标左键，在路径上会出现一个闪烁的光标，输入任意文字，并将本图层改名称为"杯口文字"，如图4.17所示。

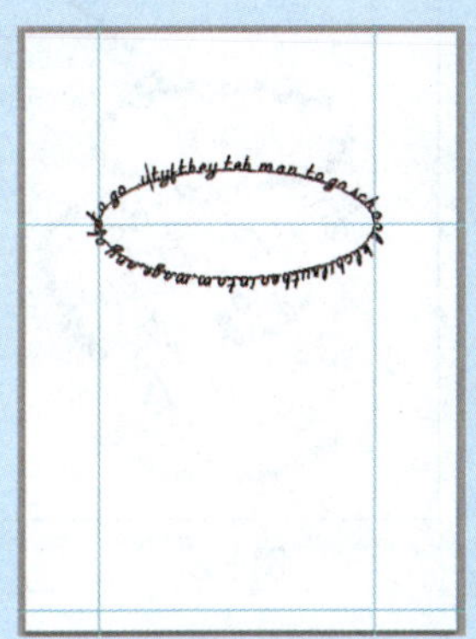

图4.17

(6) 复制"杯口文字"图层，得到"杯口文字副本"，执行"编辑"→"变换路径"→"垂直翻转"命令，如图4.18所示。

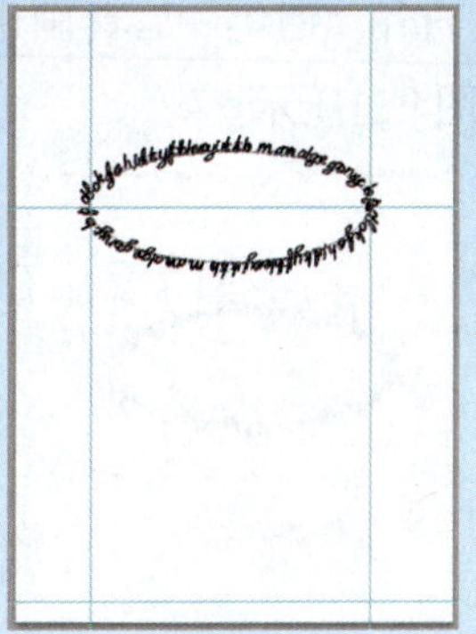

图4.18

(7) 单击"钢笔"工具，在杯底位置画一条弧形路径，如图4.19所示。

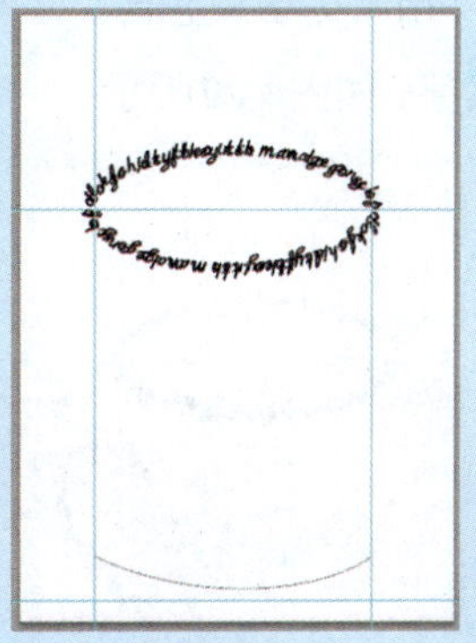

图4.19

(8) 执行步骤(4)、(5)和(6)的操作，设置新文字图层为"杯底文字"，复制后图层为"杯底文字副本"。所得效果如图4.20所示。

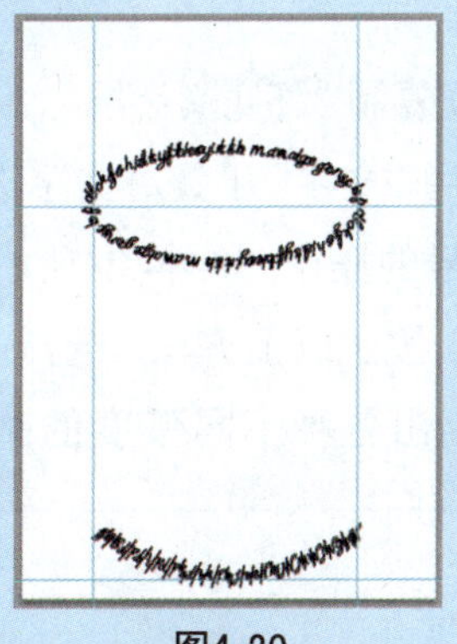

图4.20

（9）再用“钢笔”工具画出杯柄的弧形，如图4.21所示。

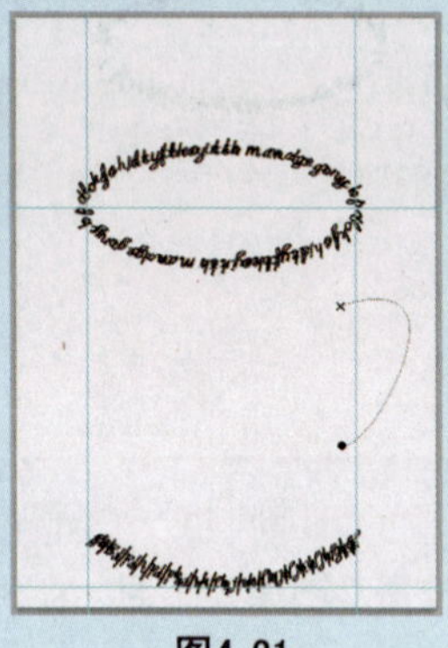

图4.21

（10）用“文字”工具，单击杯柄路径输入文字，如图4.22所示。

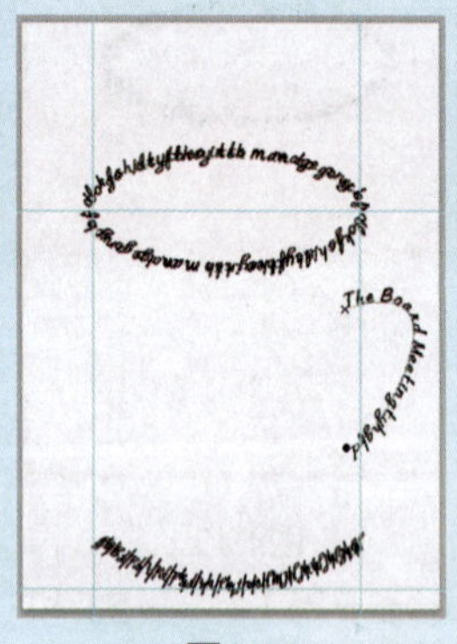

图4.22

（11）复制杯柄文字层，并使之略有错位，来加强杯柄的效果，如图4.23所示。

（12）复制“杯底文字层”，将其移动位置，并用“文字”工具对文字进行改变字体、字号的操作，如图4.24所示。

（13）按照以上方法，选择“钢笔”工具绘制出各种不同弧度的路径并输入文字，改变其中某些文字的字体、大小、位置等，如图4.25所示。

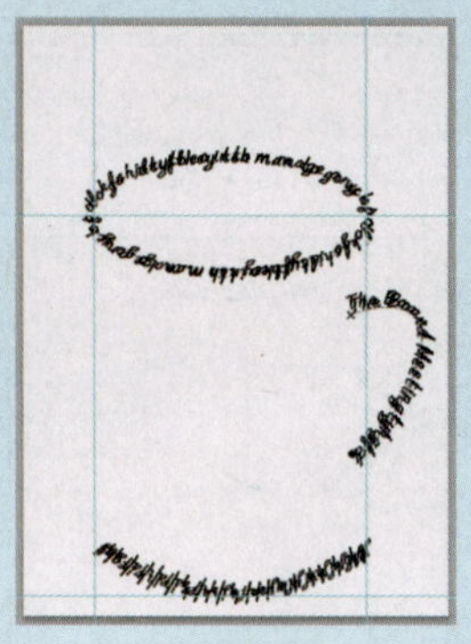

图4.23

图4.24

图4.25

（14）保存作品。

【小贴士】

本题制作中的小技巧

✲ Photoshop CS5中导入新的字体：在网上找到所需的字体下载，打开“C盘\Windows\Font”文件夹，把下载好的字体“复制”→“粘贴”到此文件夹中，计算机会自动安装字体。

✲ 在进行文字跟随路径操作时，所绘制的路径可以是闭合的路径，也可以是开放的路径。

✲ 利用“ ”“路径选择”工具调整路径时，输入的文字也将随之改变；如果将鼠标光标移动到文字的起点和终点处，当鼠标光标显示为“ ”和“ ”图标时，按住鼠标左键并拖移可以调整文字的起点和终点，从而改变文字在路径上的排列位置。

✲ 调整个别字符之间的距离：使用“文字”工具添加文字以后，如果你想调整个别字符之间的距离，可以将光标放在需要调整的两个字符之间，按住“Alt”键后，用左右方向键调整，非常灵活和方便。

✲ 在使用“文本文字”工具时，根据停留位置的不同，鼠标的光标也会有不同的变化。当停留在路径线条之上时显示为“ ”，当停留在图形之内将显示为“ ”。请注意这两者的区别，前者表示沿着路径走向排列文字，后者则表示在封闭区域内排列文字，作用是完全不同的。

✲ 快速转换路径为选区：如果你用“钢笔”工具画了一条路径，而你现在鼠标的状态又是钢笔的话，你只需按下小键盘上的回车键，此时路径马上就被作为选区载入。

2.制作毛绒文字

主要知识点：“横排文字”工具，“文字图层样式”工具，“画笔”工具。

【效果图】

图4.26

【做一做】

(1) 新建文件：高度为15.88 cm，宽度为20.99 cm，分辨率为200像素/英寸，颜色模式为RGB，背景颜色为白色，单击“确定”按钮。

(2) 选择“文字”工具，输入文字，设置好字体、字号后单击属性栏上的“文字变形”按钮，选择“扇形变形、弯曲：15%”，效果如图4.27所示。

图4.27

(3) 选择“文字图层”进行“图层样式”设置，如图4.28所示：

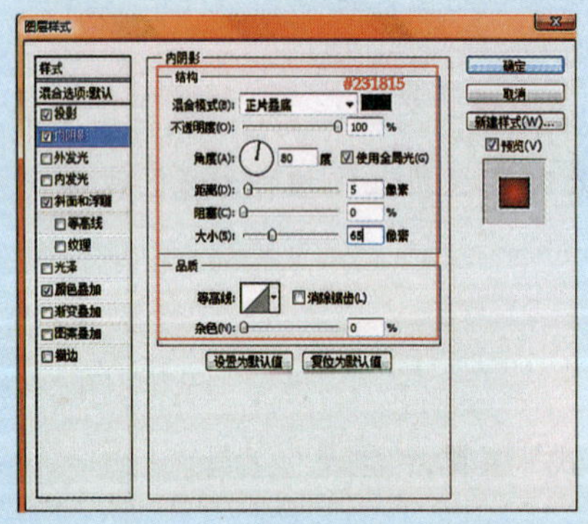

图4.28

①设置“图层样式/内阴影”，如图4.28所示。

②设置/斜面和浮雕，如图4.29所示。

③设置“图层样式/颜色叠加”：混合模式“正常”颜色为“#04A888”，不

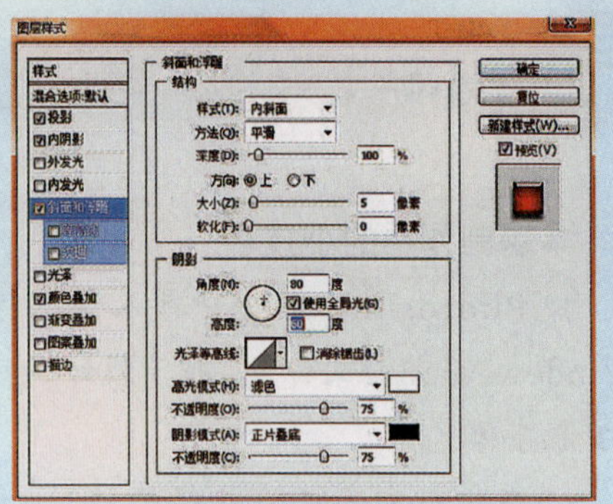

图4.29

透明度“100%”，最后单击“确定”按钮，如图4.30所示。

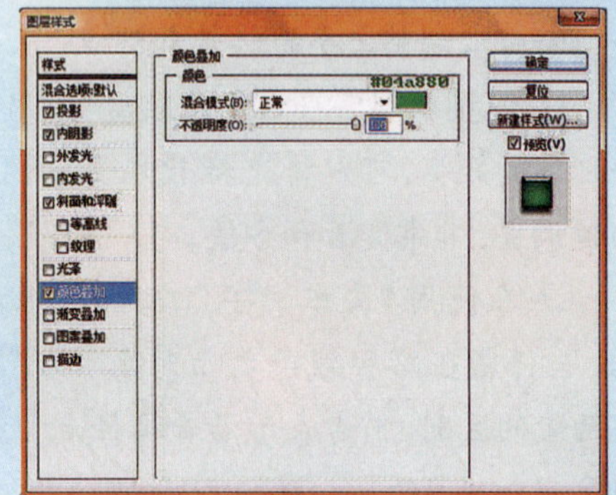

图4.30

(4) 按“F5”键弹出“画笔预设”对话框，具体设置如下：

①设置画笔笔尖形状：笔尖形状“112”，直径“30 px”，角度“0°”，圆度“100%”，间距为“25%”，如图4.31所示。

②设置“画笔”→“形状动态”：大小抖动“100%”，控制“关”，最小直径“1%”，角度抖动“100%”，控制“关”，圆度抖动“19%”，控制“关”，最小圆度“25%”，如图4.32所示。

③设置“画笔/散布”：设置散布“80%”，控制“关”，数量“8”，数量抖动“80%”，控制“关”，如图4.33所示。

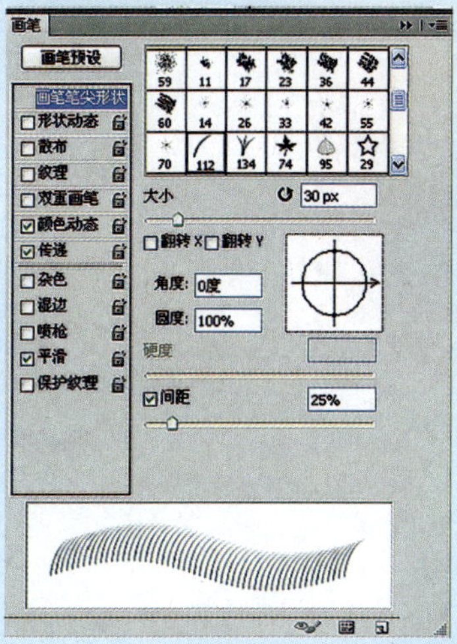

图4.31

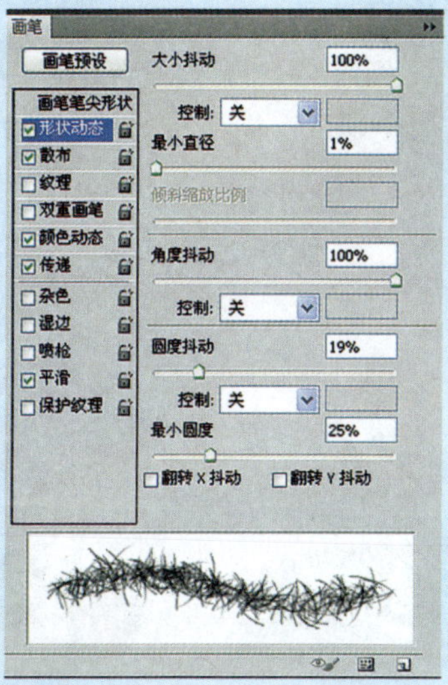

图4.32

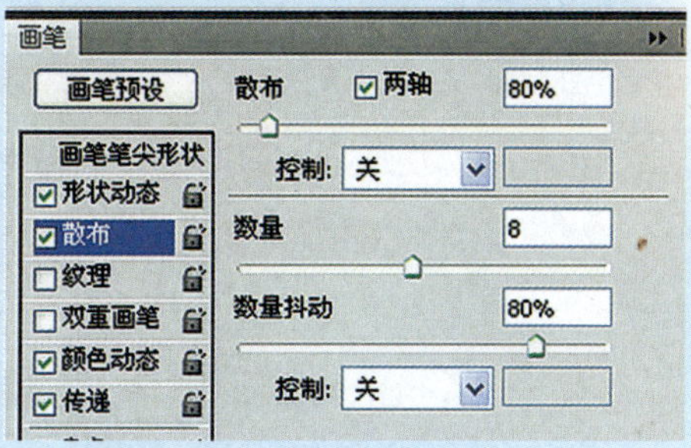

图4.33

（5）再选择“画笔”对话框中的“颜色动态、其他动态、平滑”。

（6）画笔设好后，把前景设为“#2ba011”，背景设为白色，新建一个图层，用画笔沿着字体走势描出毛茸茸的效果，完成最终效果，如图4.26所示。

（7）完成后，将作品保存在自己的文件夹下，名称为“毛绒字. psd”。

3.制作3D文字圣诞贺卡

主要知识点：CS5中自带的3D工具功能非常强大，可以随意给立体面加上想要的纹理素材。这样就可以很轻松地制作出非常逼真的纹理质感立体图形或文字。

【效果图】

图4.34

【素材】

【做一做】

(1) 执行“文件”→“新建”命令，具体设置为：宽度为1 333像素，高度为800像素，分辨率为72像素/英寸，颜色模式为RGB，如图4.35所示。

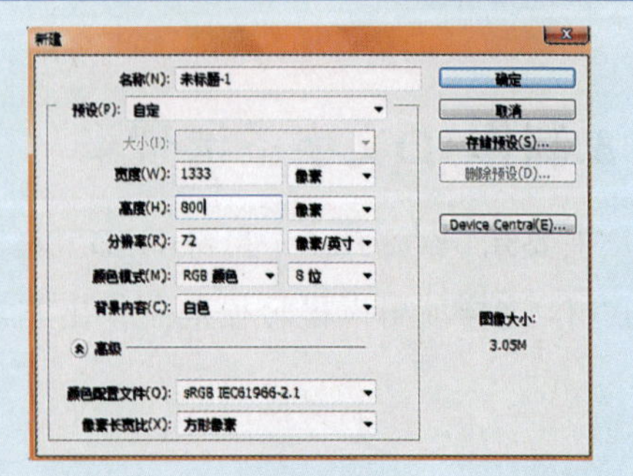

图4.35

（2）在背景层上：①直接使用“渐变”工具中的“线形渐变”，执行从红色（R253，G7，B7）到黄色（R251，G225，B1）的渐变；②并使用“钢笔”工具在背景层下方画出相应的弧形选区，并按快捷键“Ctrl+Delete”填充白色（#ffffff），得到如图4.36所示。

图4.36

（3）对素材设图层：

①执行“文件”→“打开”命令，按顺序打开：sc4231~sc4239素材图片。

②分别在各素材图片中使用“快速选择”工具选取对象，再用“移动”工具将对象移动到背景层上，进行相应的缩放，再放到相对应的位置上，这时会分别自动创建“图层1”到“图层9”，如图4.37所示。

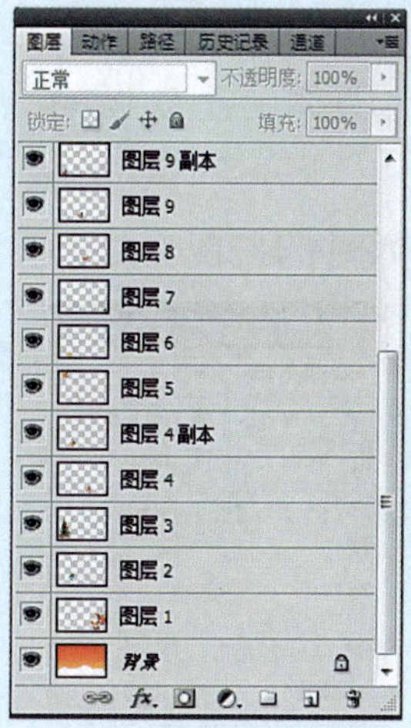

图4.37

③复制“图层4”与“图层9”，得到“图层4副本层”与“图层9副本层”，并将对象移动到相对应的位置，得到结果如图4.38所示。

图4.38

（4）在“图层9副本层”上新建一个图层，命名为“图层10”，如图4.39所示。

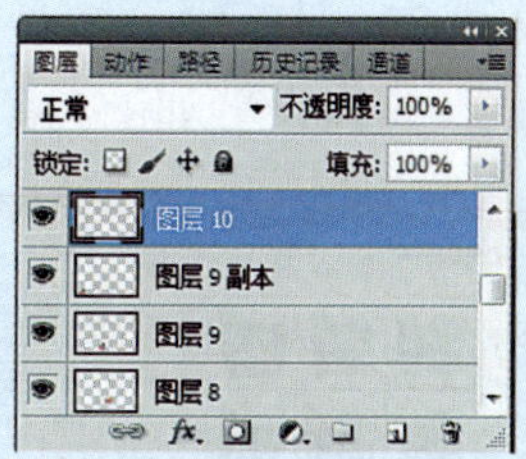

图4.39

使用“画笔”工具选择“雪花”笔触，大小随意，将透明度设置为50%，在“图层10”上自由画出“雪花”背景，如图4.40所示。

图4.40

(5) 使用“文字”工具写出“圣诞快乐”4个字，具体设置为：字体为“Adobe 黑体 Std”，大小为190.06点，行距为182.9点，如图4.41、图4.42所示。

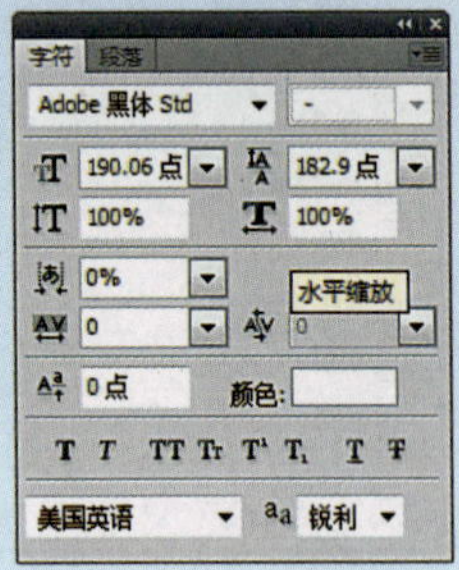

图4.41

图4.42

(6) 执行“3D”→“凸纹”→“文本图层”命令，具体设置如图4.43所示。

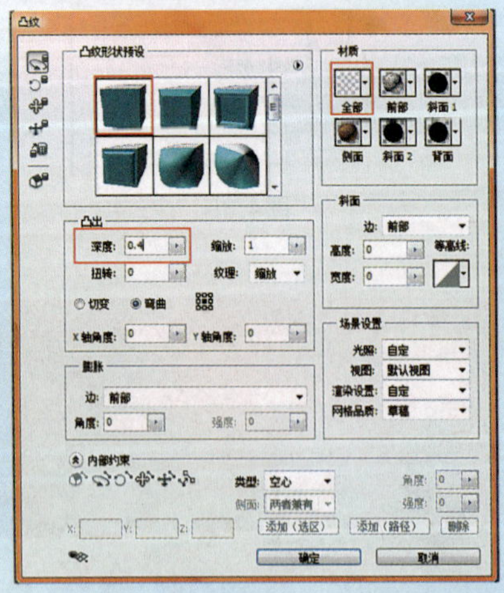

图4.43

(7) 调出“3D面板”。首先选择“前膨胀材质”，载入纹理素材“sc42310”；其次选择“凸出材质”载入石材纹理素材“sc42311”，如图4.44~图4.46所示。

sc42310

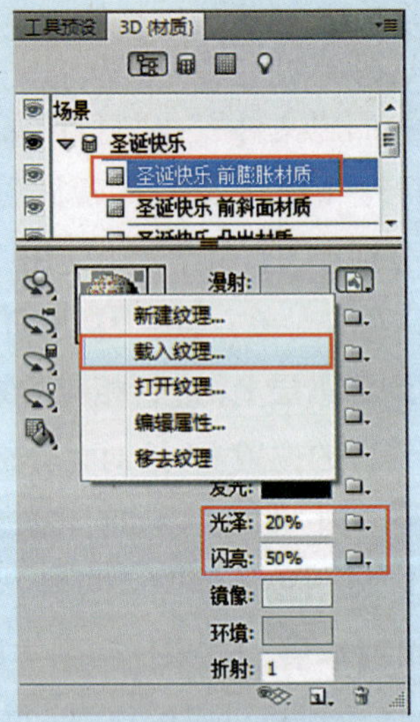

图4.44

sc42311

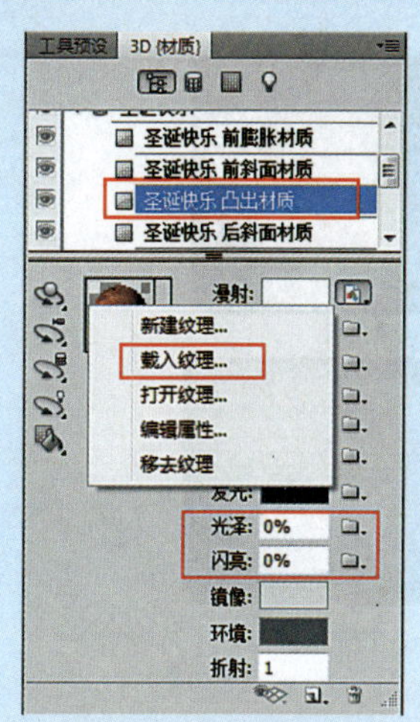

图4.45

图4.46

(8)在“文字图层”执行“添加图层样式”→“外发光”命令，具体设置如图4.47所示。

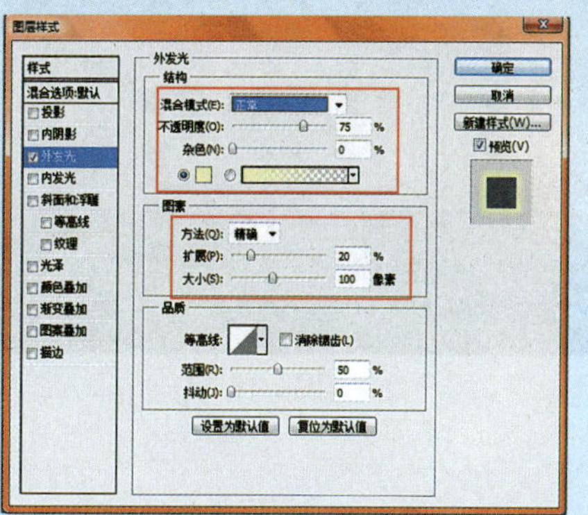

图4.47

(9)作品完成后，得到最终效果，并保存作品，如图4.34所示。

【小贴士】

✲ 载入画笔：可以在网上找到所需的笔刷文件下载到计算机上，在Photoshop 中选择“画笔”工具单击属性栏上的“画笔预设”，单击其面板右上角的▶符号在下拉菜单中选择“载入画笔”命令即可。

4.制作火焰字

主要知识点：找一些火焰素材溶入到文字上面，再适当给文字加上一些发光的图层样式，并用“扭曲滤镜”做适当变形处理。

【效果图】

图4.48

【素材】

sc4241

sc4242

【做一做】

(1) 新建文件：高度为500像素，宽度为800像素，分辨率为200像素/英寸，颜色模式为RGB，背景颜色为黑色，单击"确定"按钮，如图4.49所示。

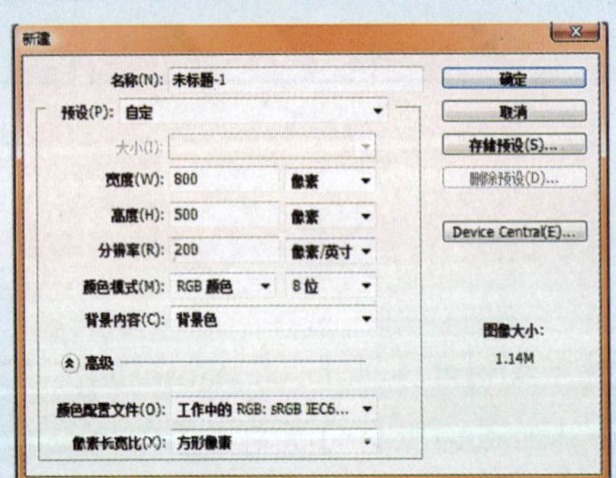

图4.49

(2) 使用"文字"工具，大小为37点，字体为"Trajan Pro"，输入字母L。也可以选择所喜欢的字体，如图4.50所示。

(3) 接着再输入字母"OVE"，将每一个字母放一个图层，如图4.51所示。

(4) 下面对"L"字符进行图层样式设置：

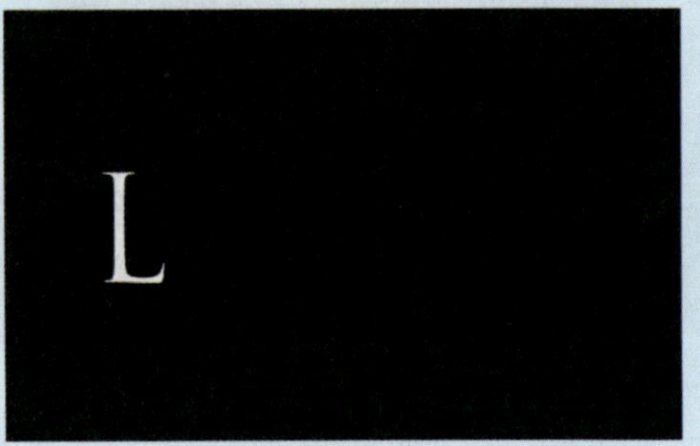

图4.50

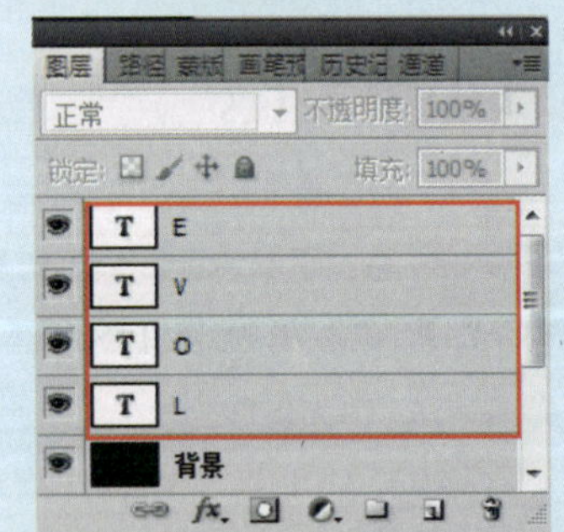

图4.51

①右击文字层选择"混合模式"，勾选"外发光"，具体设置为：混合模式—滤色，颜色为"#f70300"(R247, G3, B0)，不透明度为75%，杂色为0，方法选柔和，扩展0，大小10，如图4.52所示。

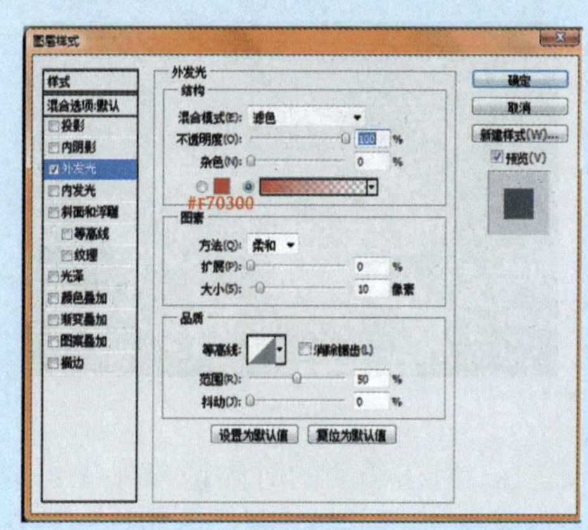

图4.52

②“颜色叠加”设置：混合模式—正常，颜色为“#cd7e2e”(R205，G126，B46)，不透明度为100%，如图4.53所示。

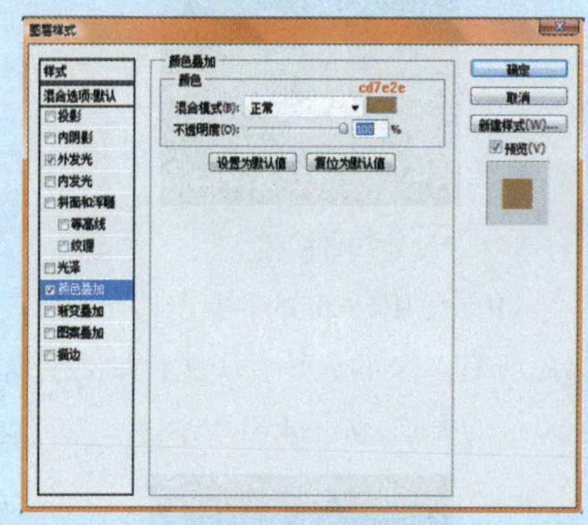

图4.53

③“光泽”设置：混合模式—正片叠加，颜色为“#872d0f”，不透明度为100%，角度：19度，距离6，大小13，反相，如图4.54所示。

④“内发光”设置：混合模式—颜色减淡，颜色为“#e5c23b”，不透明度100%，杂色0%，方法—柔和，源—边缘，阻塞0%，大小9 px，如图4.55所示。

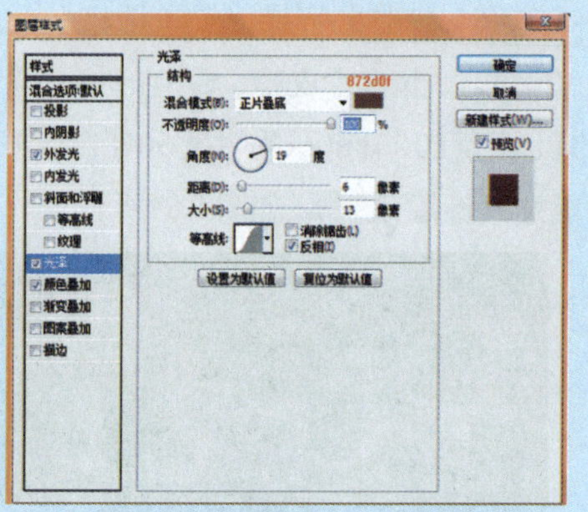

图4.54

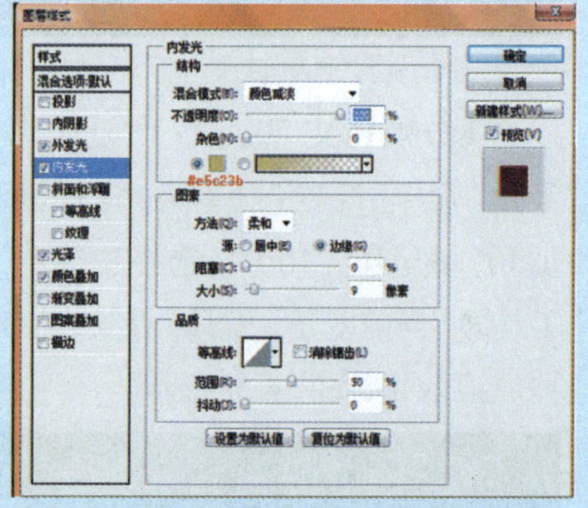

图4.55

（5）设置好字母“L”之后，在图层面板“L”层右侧的“fx”上按下鼠标左键，同时按下“Alt”键，将图层效果“fx”拖动到“O”“V”“E”层，即对图层效果进行了复制，如图4.56所示。

图4.56

（6）右击文字层，选择栅格化。用200 px大小的橡皮擦，将上部擦去（设置：流量100%和不透明度60%，否则不能达到渐隐效果），如图4.57所示。

图4.57

（7）分别在文字层执行“滤镜”→“液化”命令，设置“画笔大小15，画笔密度50，画笔压力100”，选择左边第一个工具即“向前变形”工具，在文字上涂一些波浪效果，如图4.58所示。

图4.58

（8）打开素材文件“sc4241.jpg”，进入“通道面板”，选择绿色层，按下“Ctrl+左键”，单击绿色层载入高光区，如图4.59所示。

（9）回到“图层”面板，使用“移动”工具，将选中的区域移动到刚才的文字文件中，将火焰置于文字层上方（注意：这里是利用的单色通道来载入选区，但在移动的时候请确保先点选RGB通道，否则可能移过去的只是单色通道的内容），如图4.60所示。

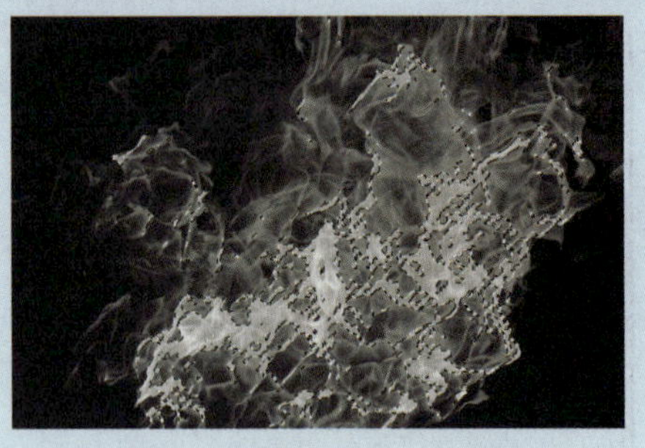

图4.59

图4.60

（10）使用15 px的“橡皮擦”工具，擦掉所有多余的火焰，只留下在文字周围缭绕的火焰，如图4.61所示。

图4.61

（11）复制火焰层。将原火焰层的不透明度设置为30%，将复制得到的层的混合模式设置为叠加，重复几次该过

程，添加更多火焰，如图4.62所示。

图4.62

（12）用同样的方法制作其他字母，最终效果如图4.63所示。

图4.63

（13）打开下面的背景素材“sc4242”置于如图4.64所示的位置。

图4.64

（14）在背景层上新建一层，填充为黑色。该层的不透明度设为50%，使用“橡皮擦”工具，将背景凸显出来，如图4.65所示。

图4.65

（15）建立新图层，命名为发光。用透明度为60%的红色柔和圆角笔触“画笔”画一个覆盖在文字上的圆，接着在图层面板上设置本层的透明度为60%。如图4.66所示。

图4.66

（16）选择“文字”工具，设置字号为4点，字型为“Trajan Pro”，输入“This is a very ancient beautiful love story”，如图4.48所示的最终效果。

【小贴士】

⚹ 快速避免选区边缘捕捉：在使用选区和裁切工具时很多人都遇到过这种情况，在调整选区或裁减框大小和位置时，当裁减框比较接近图像边界的时候，裁减框会自动贴到图像边缘，令你无法精确裁减图像。其实，只要在调整裁减框时按下“Ctrl”键，那么裁减框就会服服帖帖，让你精确裁减图像。

5.制作边角折叠文字

主要知识点：本实例将输入的文字边角剪切出来进行变换操作，制作出折叠效果，再通过渐变颜色的填充，制作出真实的卷角效果，再配合边角的投影，文字将更具质感。

【效果图】

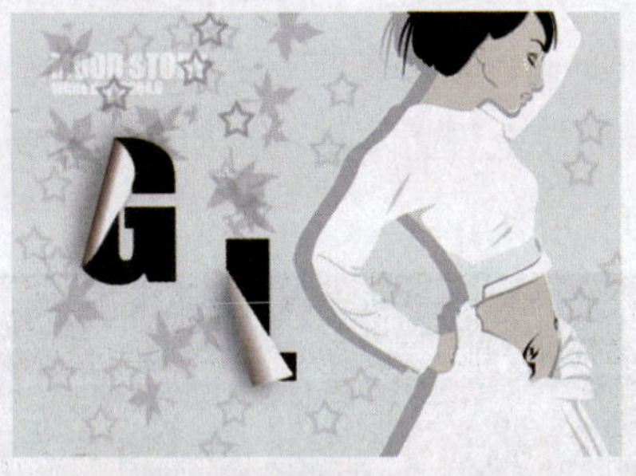

图4.67

【素材】

sc425

【做一做】

（1）打开素材“sc425.jpg”，并在工具箱中选择“横排文字”工具输入字母“G”。设置字体为“Impact”，字号为52点，水平缩放为120%，颜色为黑色，如图4.68所示。

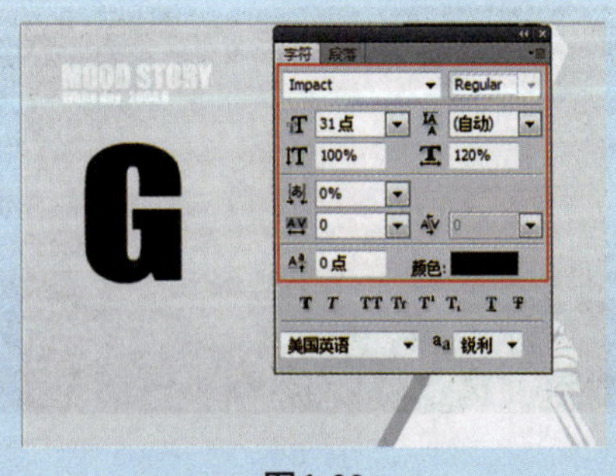

图4.68

（2）选中文字图层执行“栅格化图层”命令，选择“多边形套索”工具在字母左上角位置单击创建选区，然后按快捷键“Ctrl+X”剪切选区内的图像，如图4.69所示。

（3）按快捷键“Ctrl+V”粘贴图像，生成“图层2”；然后按快捷键“Ctrl+T”，使用变换编辑框将图像水平旋转、移动变换，如图4.70所示。

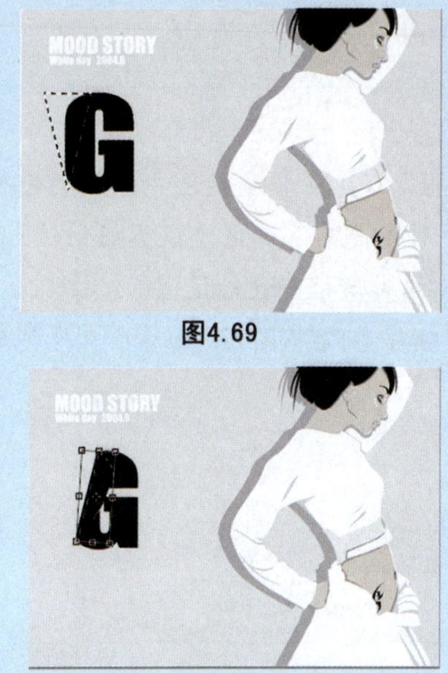

图4.69

图4.70

（4）选择“渐变”工具，在其选项栏中单击渐变条，打开“渐变编辑器”对话框，设置褐色“#693d22”到白色的渐变，然后单击“确定”按钮，如图4.71所示。

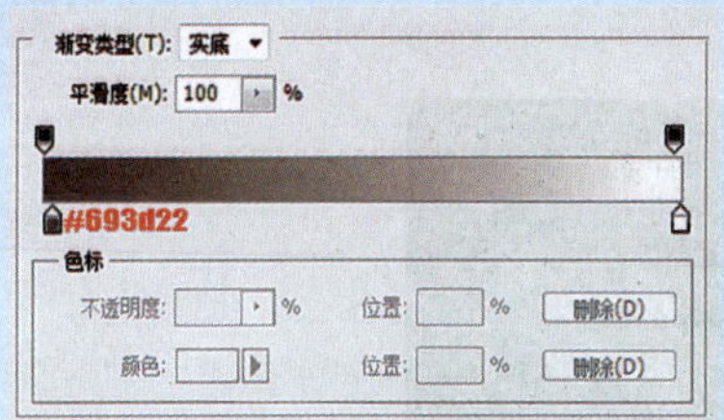

图4.71

（5）为选区填充渐变色：载入“图层2”中的图像选区，使用“渐变”工具在选区内拖动，应用步骤（4）设置的渐变，制作出边角折叠效果，如图4.72所示。

（6）用上述步骤制作字母“L”的折角效果，如图4.73所示。

（7）绘制阴影：在文字和折角层的下方新建一层作为阴影层，选择“画笔”工具，在其选项栏中设置“不透明度”和

图4.72

图4.73

“流量”都为30%，然后在折角字母下方涂抹，制作阴影效果，调整到背景层的上一层，如图4.74、图4.75所示。

图4.74

图4.75

（8）最后选择“画笔”工具，选择“笔刷”，设置前景色为黑色，背景色为白色，笔刷不透明度为37%，流量为30，间距为200。在背景层上进行描绘，得到最终效果，如图4.67所示。

【小贴士】

本题小技巧：

⚹ 选区羽化的两种方法：一种是先选择“选框”工具在其属性栏中输入羽化值数据，然后再利用“选框”工具进行选区的创建；另一种是先有了选区要设置羽化值，则应执行菜单命令“选择”→“修改”→“羽化”，在弹出的对话框中进行设置。

⚹ 调整图层顺序的快捷键：如果要调整图层顺序，可在“图层”面板中直接拖动图层，也可通过快捷键来快速地完成调整工作。

置为顶层：Shift+Ctrl+]

前移一层：Ctrl+]

后移一层：Ctrl+[

置为底层：Shift+Ctrl+[

【牛刀小试】

制作玻璃文字

【效果图】

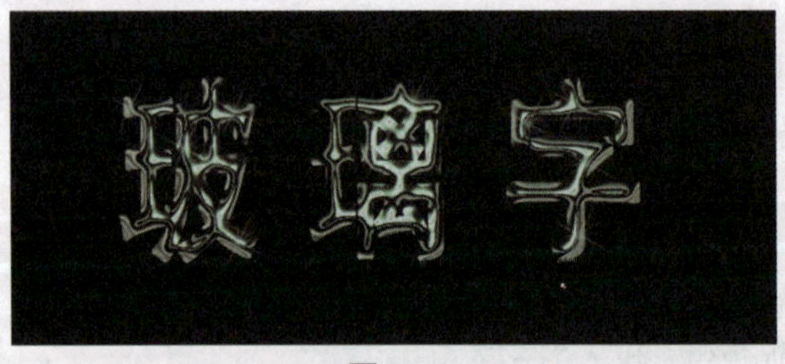

图4.76

【做一做】

（1）执行“新建”命令，新建一个700×300像素，分辨率为72像素/英寸的RGB文档。背景为黑色，使用快捷键“Alt + Delete”填充前景色。

（2）设置前景色为“#808080”，选择“横排文字”工具输入文字“玻璃字”。所用字体为“Adobe黑体std”，字型为加粗，大小为124点，垂直缩放为130%，消除锯齿的方式为锐利，如图4.77所示。

（3）执行“选择”→“选载入选区”命令，选择文字选区，如图4.78所示。

将选区存储为新通道，命名为A；保

图4.77

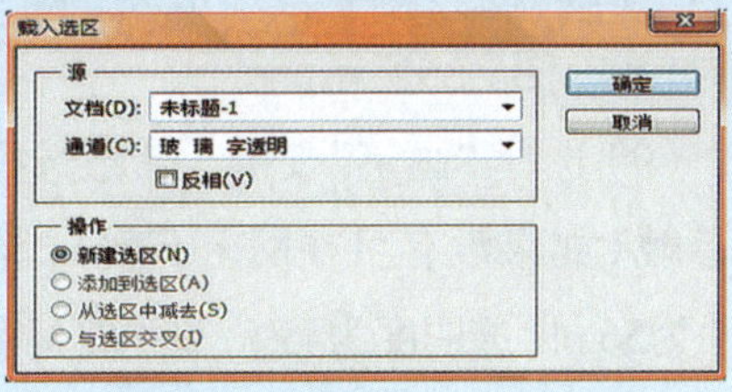

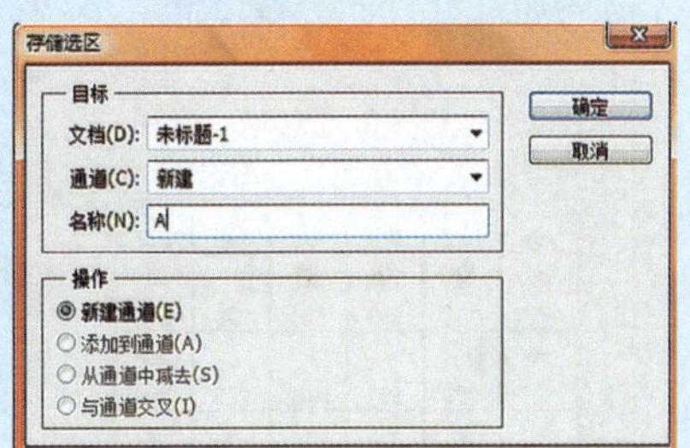

图4.78

留选区，再另存为一个通道，将通道命名为B，取消选择，如图4.79所示。

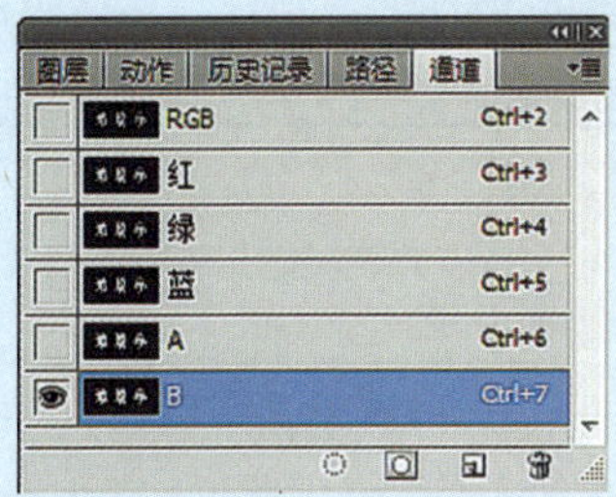

图4.79

选择通道B，执行“模糊滤镜”中的“高斯模糊”命令，半径为6.3 px，如图4.80所示。

图4.80

（4）选择RGB通道，回到图层面板中，将文字层栅格化。

（5）执行“滤镜”→“渲染”→“光照效果”命令，打开对话框，先在纹理通道选项中选择“B”，勾选白色部分凸起，高度为96；然后调整光照中各选项：样式选择RGB光，光照类型为点光，强度为80，聚焦为97，光泽为-48，材料为76，曝光度为-42，环境为16，使光源置于文字顶上，如图4.81所示。

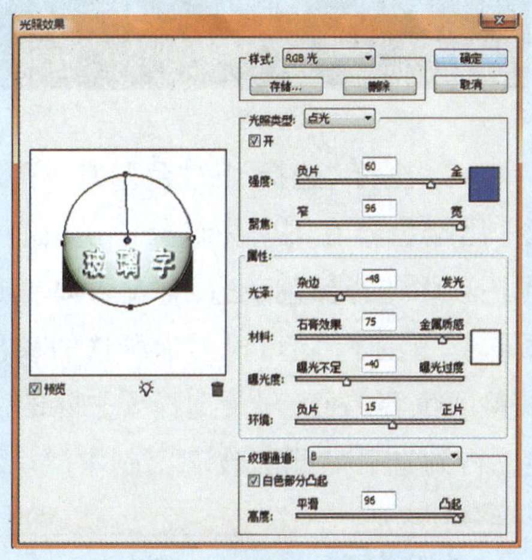

图4.81

（6）执行“图像”→“调整”→“曲线”命令，弹出“曲线”对话框，具体曲线调整如图4.82所示。

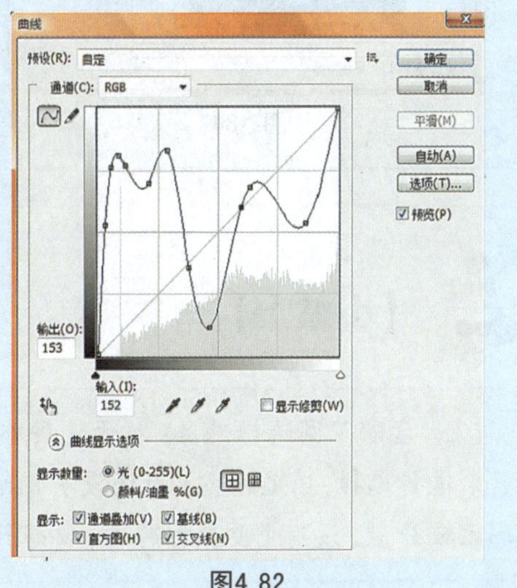

图4.82

（7）复制当前图层，得到玻璃字副本层。使用“曲线”工具，参考下图效果来调整RGB通道内的曲线形状，使文字的颜色出现强烈对比，如图4.83所示。

图4.83

（8）执行“选择”→“色彩范围”命令，用拾色器在图中亮点处单击，选区预览项中选择黑色杂边，你就可以看到所选择范围了，随后根据你所选的颜色调整颜色容差值，尽量选择要去除的灰色，得到选区后删除玻璃字副本层。在

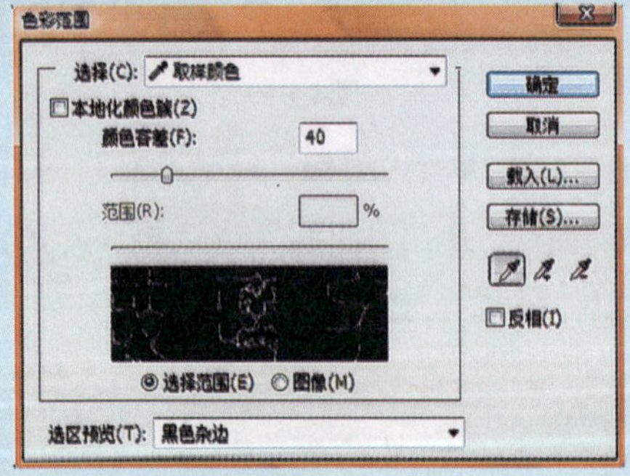

图4.84

图4.85

玻璃字层执行“编辑”→“清除”命令。如图4.84、图4.85所示。

（9）选择“画笔”工具，笔触选择星光笔触（如果没有可在网上下载），笔触大小为56 pt，透明度为43%，在“玻璃字”上相应的地方添加星光，如图4.86所示。

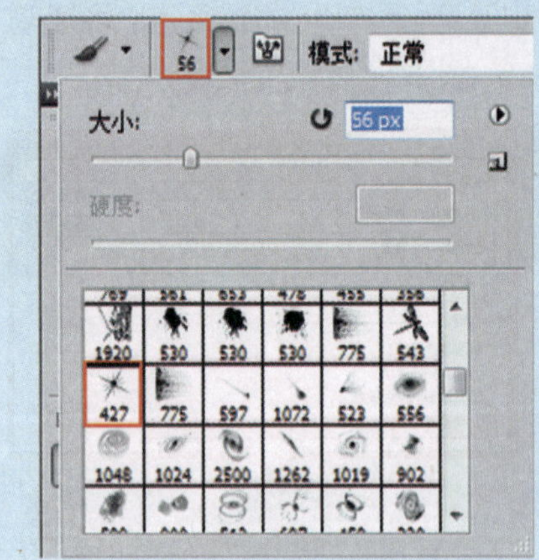

图4.86

（10）作品完成，最终效果如图4.76所示。

【小贴士】

✻ 色彩范围选择选区：对于这种非常细碎的选区，不可能使用“魔棒”或“钢笔”工具来进行选择，有些地方甚至还没有钢笔的路径线条宽；也不能使用通道来选取，因为色彩比较分散，没有主要颜色通道。要想较为精确的选择，这里将使用“色彩范围”工具。

【我创作、我快乐】

1.马赛克文字

【效果图】

【素材】（sc441）

【提示】

背景底图需要运用到“滤镜—渲染—云彩”，颜色为（R17，G69，B117）；“滤镜—像素化—马赛克”单元格大小为70方形；调整“色阶”；将制作好的文件存储为“马赛克.psd”。新建图层，输入文字，最后再执行“滤镜→扭曲→置换”命令，选择的置换图为事先制作好的“马赛克.psd”文件。

2.有划痕的篆体字

【效果图】

【素材】（sc442）

【提示】

利用“文字”工具输入篆体字，在通道中加上“高斯模糊”，去掉边缘不平滑的地方，用“画笔”工具画出划痕。

模块五 抠图与融图

——神奇的合成特效制作

【模块综述】

合成是PS的一项重要功能，最能体现PS图像处理的神奇。可通过创建选区的工具、通道和命令等，将不同文档中的图像合成到同一个文档中，组合成一幅漂亮的图像。合成常被用于广告的图像制作，在照片处理中也通常会使用合成来制作出理想的效果。本模块将从简单的创建选区工具入手，逐步深入介绍抠图技巧，合成出“天衣无缝”的图像效果。

模块目标：

- 选取图像。
- 图像的复制与变换。
- 图层混合模式。
- 图层蒙版。
- 用通道抠图。

任务一　图层、通道和蒙版的基础知识

【知识窗】

1.图层

图层面板

执行“窗口”→“图层”命令或按“F7”键，可将图层调板显示出来，如图5.1、图5.2所示。

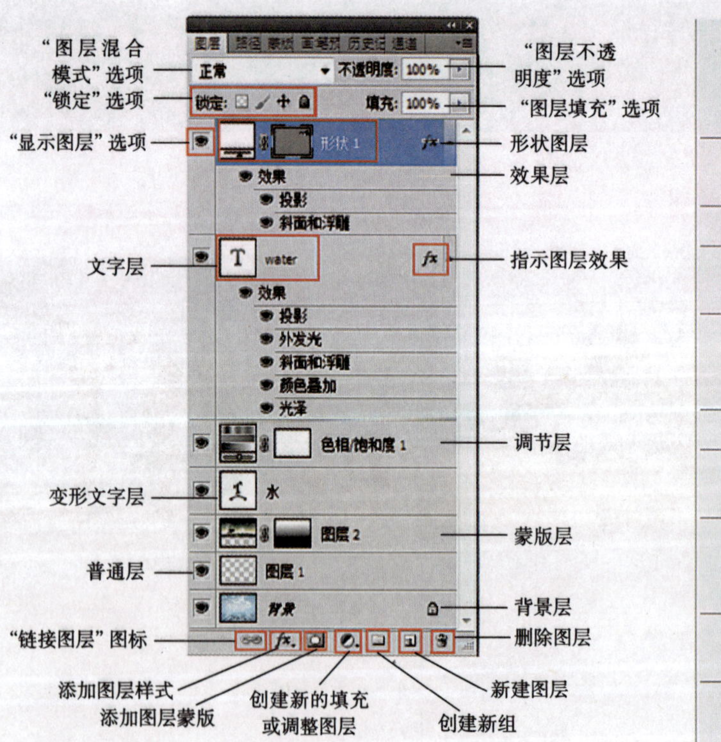

图5.1　图层调板

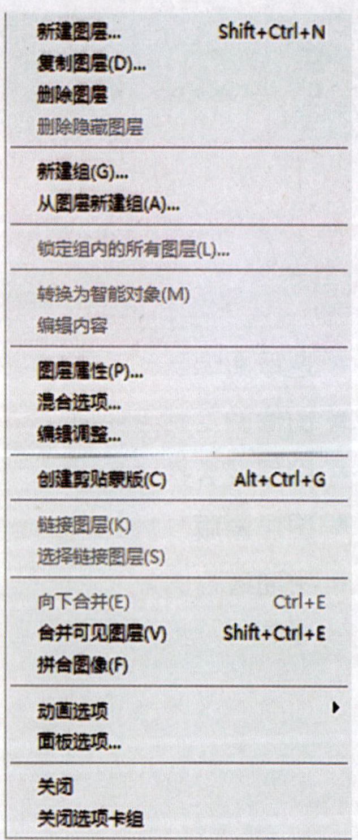

图5.2　图层属性下拉菜单

2.通道的概念

通道是保存不同颜色信息的灰度图像，每一幅位图图像可有一个或多个通道，每个通道中又有一个或多个通道，每个通道中都存储着关于图像色素的信息。利用它可以查看各种通道信息且对通道进行编辑，从而达到编辑图像的目的。在对通道进行操作时，可分别对各原色通道进行明暗度、对比度的调整，甚至可以对原色通道单独执行滤镜命令，制作出许多特殊效果。但图像颜色、模式的不同决定通道的数量和模式也不同，在PS中主要分为以下4种：

✲ 复合通道：不同模式的图像其通道的数量也不一样。在默认情况下，位图、灰度和索引模式的图像只有1个通道；RGB和Lab模式的图像有3个通道；CMYK模式的图像有4个通道，如图5.3所示。

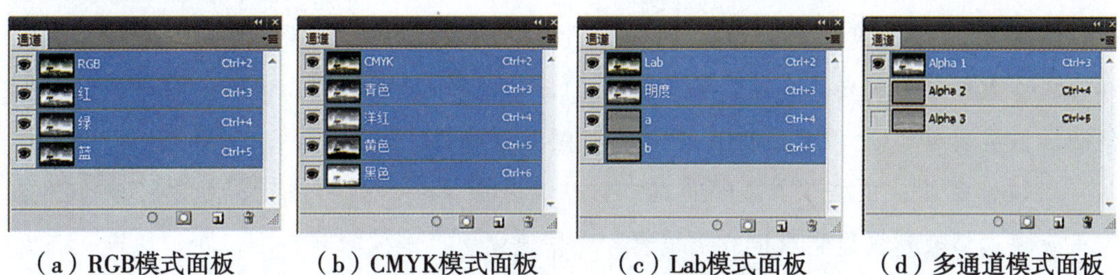

（a）RGB模式面板 （b）CMYK模式面板 （c）Lab模式面板 （d）多通道模式面板

图5.3

✲ 单色通道：在“通道”调板中单色通道都显示为灰色，它通过0~256级亮度的灰度来表示颜色。在通道中很难控制图像的颜色效果，所以一般不采取直接修改颜色通道的方法来改变图像的颜色，如图5.4所示。

✲ 专色通道：在进行颜色比较多的特殊印刷时，除了默认的颜色通道外，还可以在图像中创建专色通道。例如，印刷中常见的烫金、烫银或企业专有色等都需要在图像处理时进行通道专有色的设定。在图像中添加专色通道后，必须将图像转换为多通道模式才能够进行印刷输出。新专色通道的创建：打开通道面板上右上角▾≡下拉菜单中“新建专色通道”命令，如图5.5所示。

图5.4 灰度模式面板

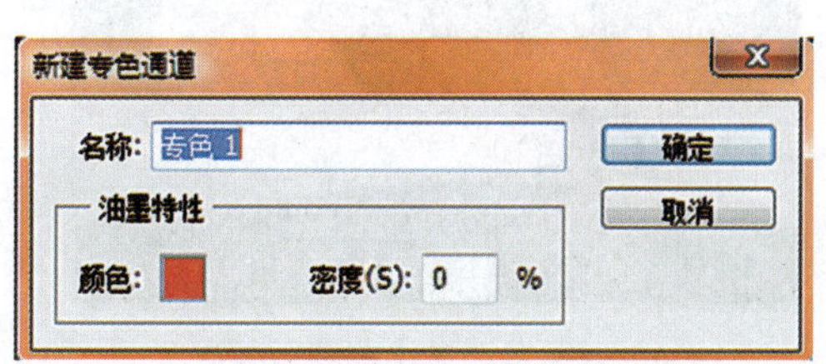

图5.5

⚹ Alpha通道：用于保存蒙版，让被屏蔽的区域不受任何编辑操作的影响，从而增强图像的编辑操作，如图5.6所示。

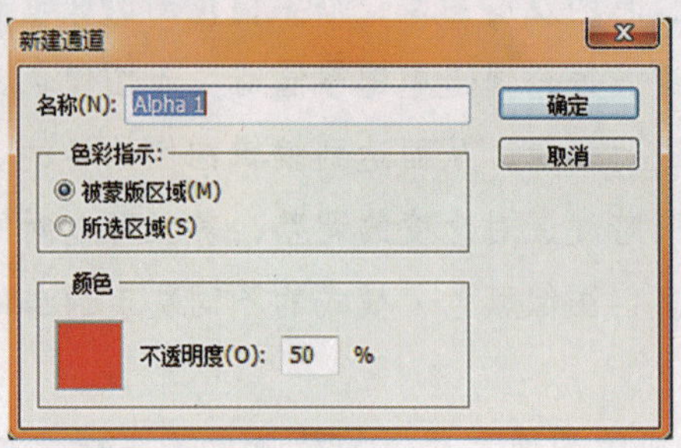

图5.6

3.蒙版

蒙版是以8位灰度通道形式存储的，可以用所有的绘画和编辑工具对其进行调整和编辑，并且能够将编辑的结果存储为Alpha通道。在Photoshop中，蒙版主要分为：快速蒙版、图层蒙版和Alpha通道蒙版3种类型。蒙版创建与使用如下：

⚹ 快速蒙版：单击工具箱下方的“以快速蒙版模式编辑”按钮，可以将当前图像的编辑模式切换到快速蒙版模式下编辑。在快速蒙版模式编辑状态下，在“通道”调板中会增加一个临时的快速蒙版通道，可将蒙版直接转换为选择区域，如图5.7所示。

（a）以背景纯色填充快速蒙版效果

（b）再次单击“以快速蒙版模式编辑”按钮转换为选区后效果

（c）以图案填充快速蒙版效果

（d）再次单击“以快速蒙版模式编辑”按钮转换为选区后效果

图5.7

✲图层蒙版：在图层调板中将需要添加蒙版的图层设置为当前工作层，单击图层调板下方的“添加图层蒙版”按钮，即可添加图层蒙版。当图像中有绘制的选择区域时，单击图层调板下方“蒙版”按钮，可以将选区以外的区域添加蒙版；按住键盘中的“Alt”键，单击图层调板下方“蒙版”按钮，可以为选择的区域添加蒙版；当图像中没有选择区域时，按住键盘中的“Alt”键，单击图层调板下方“蒙版”按钮，可以将当前图层的图像全部屏蔽，如图5.8、图5.9所示。

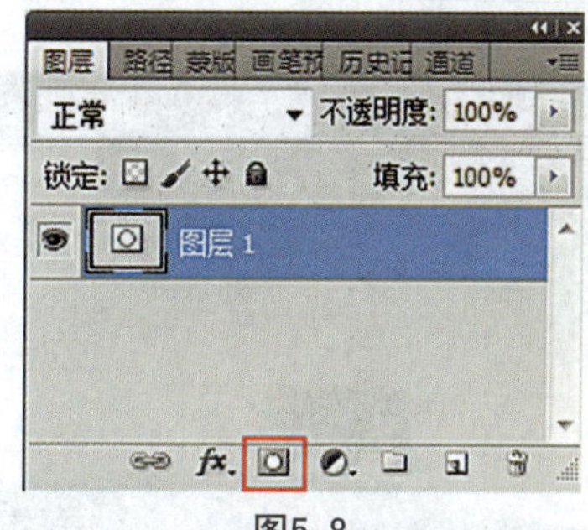

图5.8

(a) 未添加图层蒙版前

(b) 添加图层蒙版后，并填充黑色

图5.9

【小贴士】

✲图层蒙版实际上是对某一图层起遮盖效果的，在实际中并不显示一个遮罩，以黑、白、灰显示。

黑色：表示在操作图层中的这块区域为不显示区域。

白色：表示在操作图层中的这块区域为显示区域。

灰色：介黑色与白色之间的灰色，表示这块区域以半透明的方式显示，透明的程度由灰度来决定。

✲Alpha通道蒙版：Alpha通道蒙版的创建与Alpha通道创建相似，可以将选区载入并进行编辑。当图像中有创建的选择区域时，单击通道调板底部的“将选区存储为通道”按钮，可以在通道中产生一个蒙版；按住键盘中的“Alt”键，单击通道调板底部的“将选区存储为通道”按钮，将弹

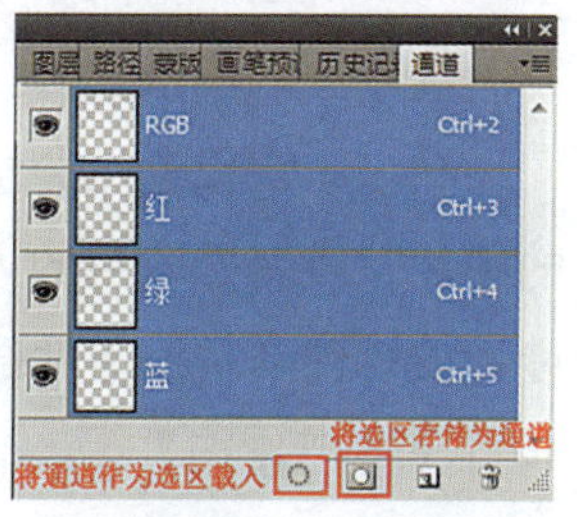

图5.10

出“新通道”对话框，在此对话框中设置相应的参数选项后，单击“确定”按钮，便可按设置的方式创建蒙版，如图5.10、图5.11所示。

（a）有选区的图片未添加Alpha通道蒙版前

（b）添加Alpha通道蒙版后，按住“Alt”键单击“选区存储为通道”按钮弹出“新通道”对话框创建蒙版

图5.11

任务二　图像合成知识与实例

【任务概述】学习利用“选框”工具、“魔术棒”工具、“套索”工具和通道来进行图像的选取即抠图。

1.各种抠图工具

（1）“路径编辑”工具

优点：①不受背景限制；②只要有足够耐心，可以不需用羽化实现非常精确的选区。

缺点：对于细碎的图像(最常见是人物的须发)无可奈何。

（2）“魔棒”工具

优点：入门级技巧，技术简单，容易掌握。

缺点：①仅适用背景“纯净”的图片；②选取效果较粗糙，比较适合选取细节较少的图片，或者选取后的人像在新的应用中会以缩小若干倍的形式出现，这样可以最大限度地减少细节选取上的缺憾。

【使用技巧】

①属性栏图标旁的4个图标从左至右分别为：新选区、添加到选区、从选区中减

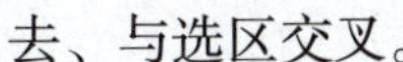

去、与选区交叉。

②“容差”选项中可填入0 ~255的值，数值越小，选择的范围也就越小，设为1时，单击只选取1个像素；反之，数值越大，选择的范围也就越大，设为255时单击可选取全图。默认的数值为32。

③ 选择“消除锯齿”选项，以使得选区更平滑。

（3）“套索”工具

可以当作一个徒手画图的工具，它弥补了“选框”工具的不足，“选框”工具只能选择规则形状的区域，“套索”工具可以创建任意一个封闭的不规则区域。此方法适用于颜色不规则，边缘曲折无规律的图片，但要求所抠之物不能与背景颜色相混合，否则就分不清界限了。此方法操作麻烦，尤其是途中一旦出错就必须重新开始，但效果还算不错。

【小技巧】

① 在使用“套索”工具勾画选区的时候按住“Alt”键可以在“套索”工具和“多边形套索”工具之间切换。

② 勾画选区的时候按住空格键可以移动正在勾画的选区。

（套索）：选择一个不定区域。

（多边形套索）：可以围绕一个区域用折线选定。

（磁力套索）：紧贴一个区域的边缘画出边框。

（4）蒙版抠图

当你所要抠的图形比较复杂无规律、颜色不统一、边缘不平整时，可以使用蒙版来抠图。蒙版抠图是综合性抠图方法，即利用图中对象的外形也利用了它的颜色。先用“魔术棒”工具点选对象，再用添加图形蒙版把对象选出来。其关键环节是用白、黑两色画笔反复减、添蒙版区域，从而把对象外形完整精细地选出来。

图层蒙版实际上是对某一图层起遮盖效果的、在实际应用中并不显示一个遮罩，以黑、白、灰三色显示。黑色：表示在操作图层中的这块区域不显示；白色：为显示区域；介于黑色与白色之间的灰色，表示这块区域以半透明的方式显示，透明的程度由灰度来决定。

（5）通道抠图

这是属于颜色抠图方法，利用了对象的颜色在红、黄、蓝三通道中对比度不同的特点，从而在对比度大的通道中对对象进行处理。先选取对比度大的通道，再复制该通道，在其中通过进一步增大对比度，再用“魔术棒”工具把对象选出来。可适用于色差不大，而外形又很复杂的图像的抠图，如头发、树枝、烟花，等等。

2.变脸合成

主要知识点：利用“快速选择”工具来进行抠图，使用“涂抹”工具进行边缘模糊并进行图片合成。

【效果图】

图5. 12

【素材】

sc5221

sc5222

sc5223

【做一做】

（1）打开素材文件“sc5221.jpg”和“sc5222.jpg”。

（2）在图“sc5221.jpg”中使用“魔术棒”工具选择黑色背景，按组合键“Ctrl+shift+I”选中图中兔子，执行菜单“选择”→“修改”→“收缩”命令，2个像素。

（3）执行菜单“选择”→“修改主”→“羽化”命令，1个像素，并按快捷键“Ctrl+C”进行复制，如图5.13所示。

图5. 13

（4）在图“sc5222.jpg”中粘贴，自动生成“图层1”，并调整兔子的大小及位置，如图5.14所示。

（5）在“图层1”中使用“仿制图章”工具，在兔子双脚周围仿制地毯，使之与背景更加融合，如图5.15所示。

（6）在“图层1”中，使用“磁性套索”工具选取兔子的面部，并在“路径面板”中将选区转换成路径并保存，如图5.16所示。

（7）打开素材“sc5223.jpg”。

（8）使用“移动”工具将素材图

图5.14

图5.15

图5.16

“sc5223.jpg”中全部内容拖动到图“sc5222.jpg”中并自动生成“图层2”，将“图层2”移动到“图层1”与背景层之间，如图5.17所示。

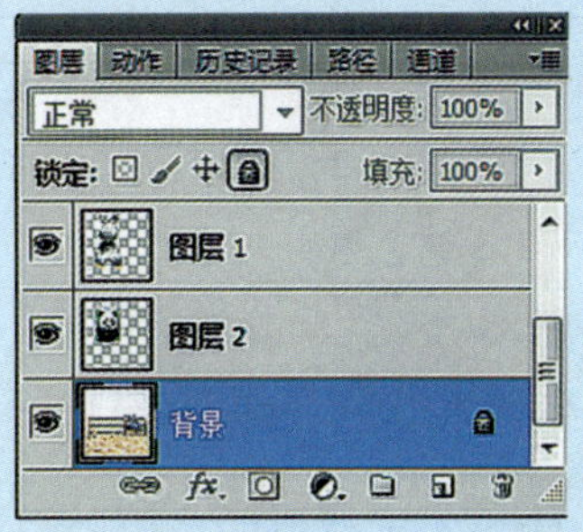

图5.17

（9）将“图层1”的“不透明度”调整为45%。

（10）调整“图层2”的大小及位置，使熊猫的脸与兔子脸对齐，且差不多大小，如图5.18所示。

图5.18

（11）在路径面板中，选中工作路径，并使用“将路径作为选区载入”工具将工作路径转换为选区。

（12）以“图层2”为工作层，反选后删除多余部分。

（13）在“图层1”上，使用“橡皮擦”工具将“图层2”中的熊猫脸显现出来，同时还可以使用“涂抹”工具（设置柔角笔刷13，强度为17%）消除面部的硬直边缘，如图5.19所示。

图5.19

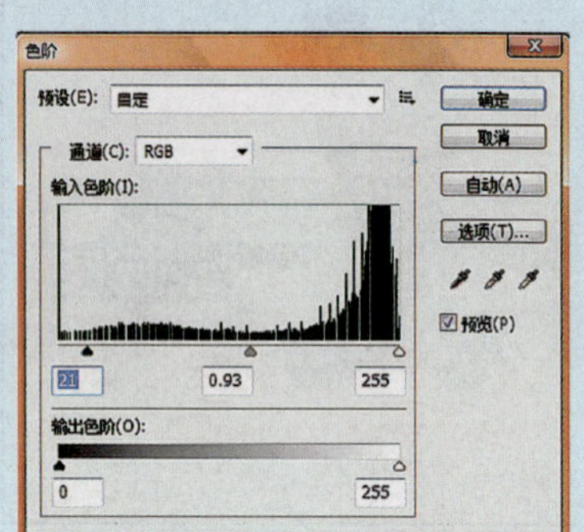

图5.20

(14) 按快捷键“Ctrl+L”调整面部(色阶: 21, 0.93, 255), 使合成的面部与整个全图像的色调相符, 如图5.20所示。

(15) 保存作品。

3.快速更换背景

主要知识点：单一色调的背景，给人单调的感觉，可在背景中添加一些图形来丰富背景。在更换背景时利用“图层混合模式”可快速将两个图像混合在一起，达到色彩与图形的融合效果。然后添加图层蒙版，将不需要的区域内的图像隐藏，快速更换掉单色的背景。

【效果图】

图5.21

【素材】

sc5231

sc5232

【做一做】

(1) 打开素材“sc5231.jpg”“sc5232.jpg”两个文件，在应用程序栏中单击“排列文档”按钮，在下拉列表中单击“双联”按钮，即将打开的两个文件并排显示，如图5.22所示。

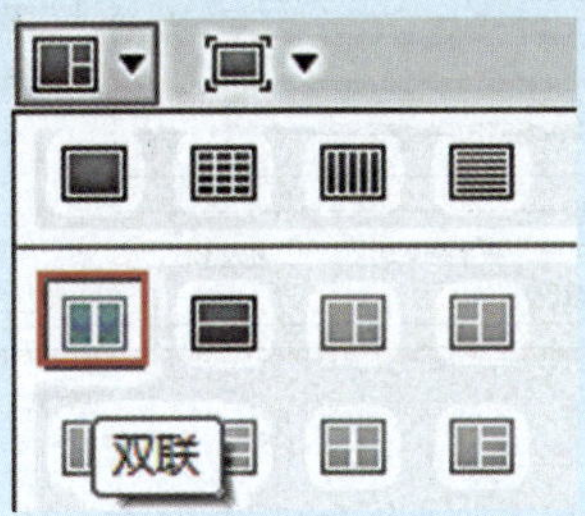

图5. 22

(2) 移动图像：使用“移动”工具将图“sc5231.jpg”拖动到图“sc5232.jpg”中，自动生成一个“图层2”；按快捷键“Ctrl+T”调整图像大小与“sc5231.jpg”一样大；将“图层2”的混合模式设置为“强光”，如图5.23、图5.24所示。

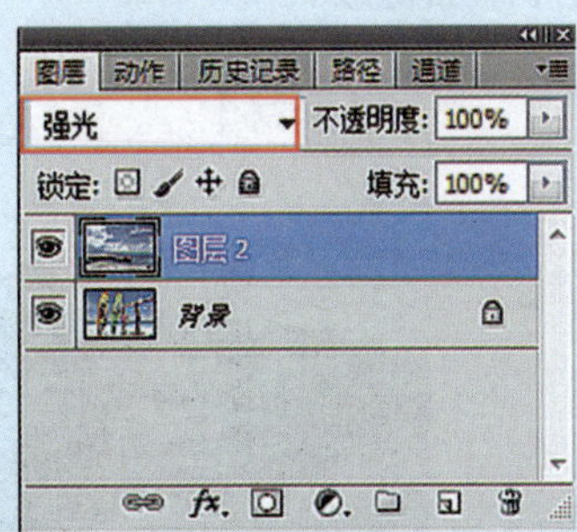

图5. 23

图5. 24

(3) 在图层面板中，单击“添加图层蒙版”按钮，为“图层2”添加一个图层蒙版，单击蒙版缩略图，使其处于编辑状态，如图5.25所示。

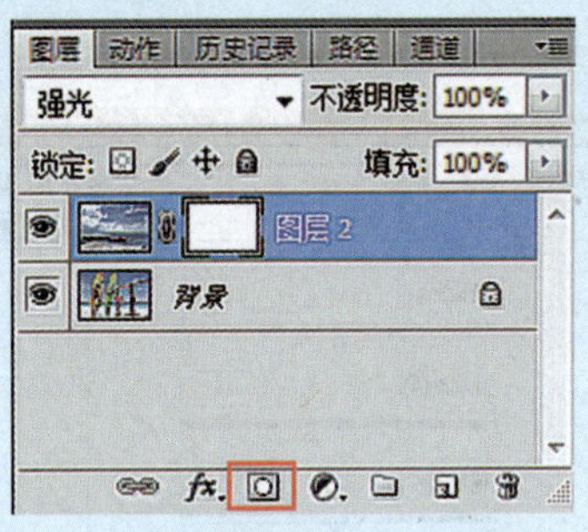

图5. 25

(4) 选择“画笔”工具，设置画笔大小为30 px、硬度为0。

(5) 设置前景色为黑色，在图像中涂抹出要显现的几个人物，这时在蒙版上可以看到黑色的轮廓，如图5.26、图5.27所示。

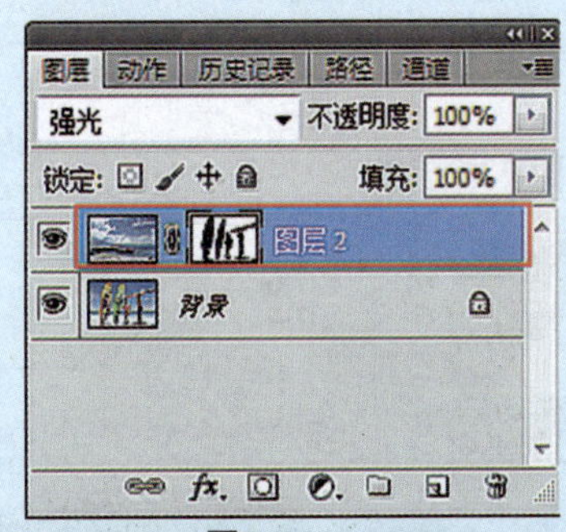

图5. 26

图5. 27

(6) 单击“图层2”为工作层，执行“图像”→“调整”→“色相/饱和度”命令，在弹出对话框中设置色相值为：0，饱和度值为：16，明度值为：0，如图5.28所示。

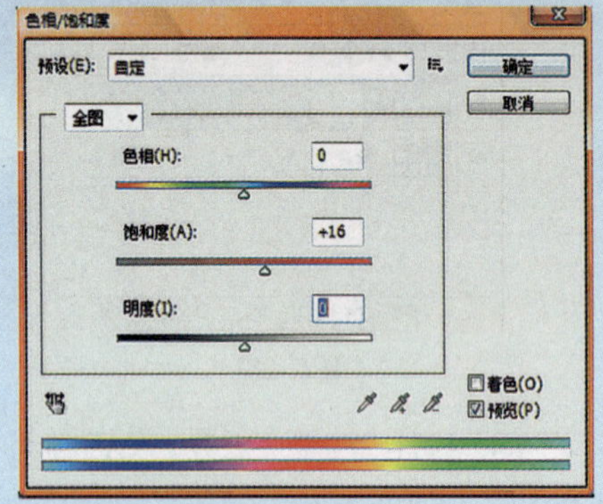

图5. 28

(7) 单击背景层为工作层，执行“图像”→“调整”→“色彩平衡”命令，在弹出对话框中设置色阶值为：31，2，5，如图5.29所示。

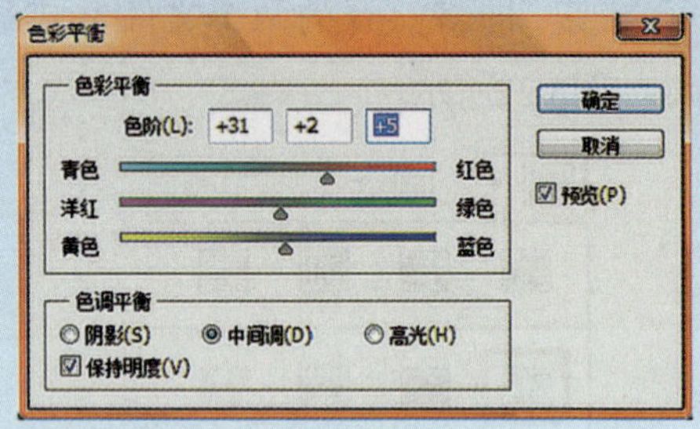

图5. 29

(8) 最后完成作品并保存，效果如图5.21所示。

4.添加蓝天白云和倒影效果

主要知识点：利用“蒙版”工具和调整命令给图片添加特效天空。

【效果图】

图5. 30

【素材】

sc5241

sc5242

(1) 执行“文件”→“打开”命令，打开素材图“sc5321.jpg”和“sc5322.jpg”。

(2) 将天空图像复制到城堡图像中，生成“图层2”。按快捷键“Ctrl+T”将其调整到适当位置，如图5.31所示。

图5. 31

(3) 为“图层2”创建一个图层蒙版；选择“渐变”工具，在其选项栏中打开渐变拾色器，单击选择“黑、白渐变”，如图5.32所示。

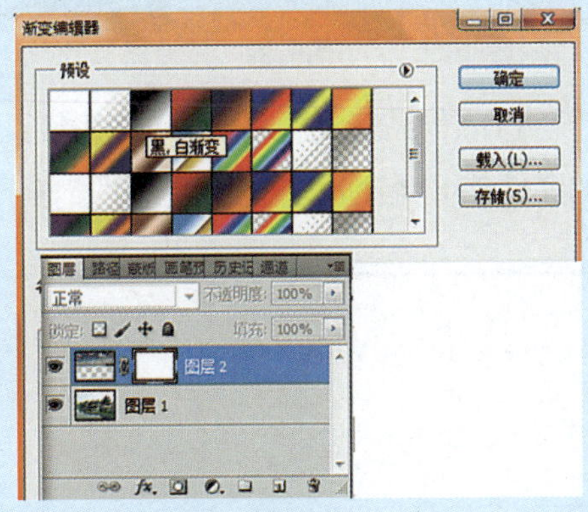

图5. 32

(4) 对调整图层应用渐变：使用“渐变”工具在图像中间位置单击并斜向上拖动，释放鼠标后，即可看到出现渐隐效果，将天空图像的下半部分隐藏，如图5.33所示。

图5. 33

(5) 设置图层混合模式：设置“图层2”的“图层混合模式”为“强光”，图层混合后，可看到制作出的蓝天白云效果。

(6) 复制“图层1”，生成“图层1副本”图层，在副本图层中的蒙版缩览图上右击，在打开的快捷菜单中选择“应用图层蒙版”命令，如图5.34所示。

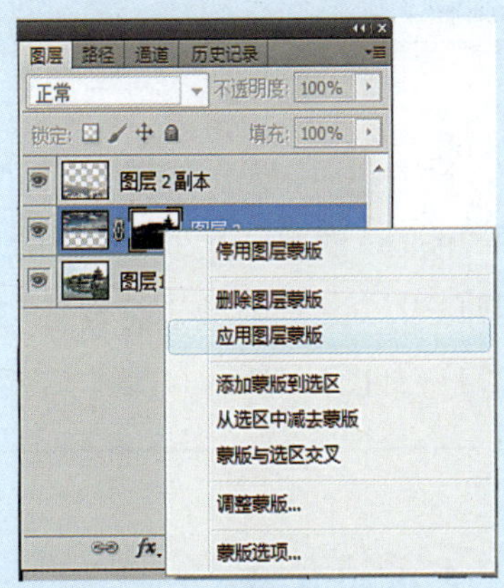

图5. 34

(7) 更改图层混合模式：更改“图层2副本”图层的“图层混合模式”为“柔光”，并对该图层中图像进行垂直翻转变换，制作出水中投影效果，如图5.35所示。

(8) 粘贴图像：在调整图层中创建一个“照片滤镜”调整图层，在打开的“照片

图5.35

滤镜”选项中设置“加温滤镜（85）”的浓度为60%，如图5.36所示。

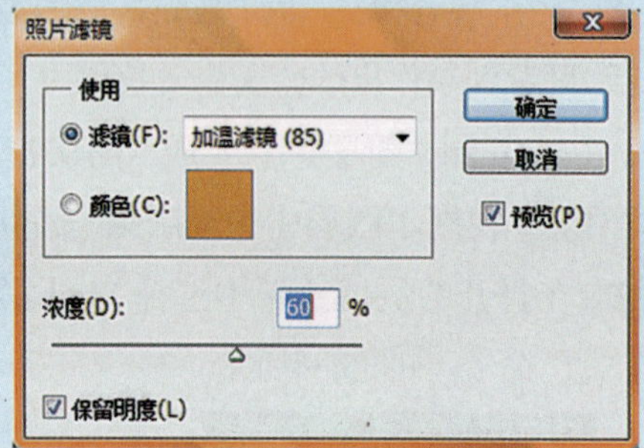

图5.36

（9）设置色阶：继续在调整面板中创建一个“色阶”调整图层，在打开的“色阶”选项区中，对色阶参数进行设置（23，2.46，224），如图5.37所示。

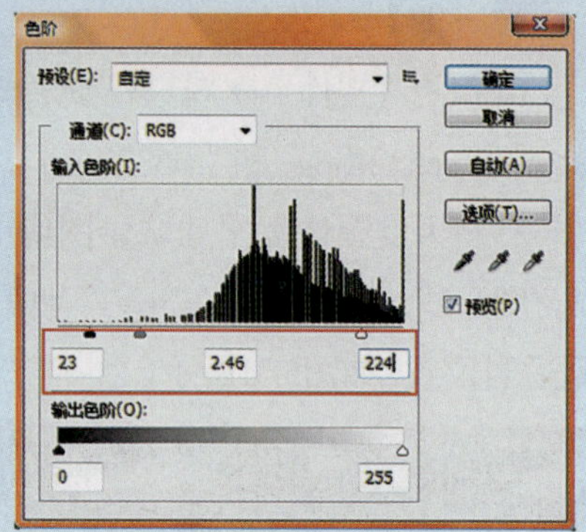

图5.37

（10）确认设置后，可看到图像整体亮度被提高了，展示出晴空中白云飘飘的效果，如图5.38所示。

图5.38

（11）作品完成后，将作品保存在自己的文件夹下，名称为“甲秀楼. psd”。

【小贴士】

✲选择“应用图层蒙版”命令可将选中的图层中的图层蒙版效果应用到原图像中，并去掉图层蒙版，即将黑色区域图像删除、灰色区域图像以半透明显示。当使用图层蒙版后，该图层就不再具备重复编辑性，因此在确定不再更改该蒙版效果之后，对图层使用“应用图层蒙版”命令去掉蒙版，便于后面的操作。

5.制作HDR照片效果

主要知识点：HDR是摄影的一种特殊技术，就是对同一地点的主体曝光多次，然后取每张照片曝光正确的部分，用这些曝光正确的部分合并成一张曝光都基本正确的照片。本实例将介绍如何利用Photoshop对同一处风景的不同曝光照片进行合成，制作出一幅细节完美的HDR照片效果。

【效果图】

图5. 39

【素材】

sc5251

sc5252

sc5253

【小贴士】

✲Photoshop CS5对合并HDR功能的改进：在早期版本的Photoshop中，HDR合成的效果并不让人满意。人们纷纷转用第三方软件，如Photo matrix Pro等进行HDR合成处理，完成后再转回Photoshop进行进一步加工。Photoshop CS5对HDR合并功能进行了强化，它已经完全可以胜任制作复杂效果的要求。Photoshop CS5将“合并到HDR”改名为“合并到HDR Pro”，增加了很多调整参数，这样我们就可以对图像的细节进行深入调整，得到自己满意的效果。它甚至还内置了很多预置参数，可以让初学者直接应用某种效果。

✲与CS4相比，CS5的合并到HDR Pro功能界面有了一些变化。合并图像的缩略图移到了下方，在右侧窗口出现了预设下拉菜单，多出一个“移去重影”选项，这个选项的目的是让软件自动移去多图之间因为景物微小移动在合成时引起的重影现象。当我们把模式设置为32位时，可以保留图像全部明亮度值。在下面的“设置白场预览”是一个较为简单的设置选项，拉动滑块，可以看到图像变得非常亮或者非常暗，我们可以用它设置到一个看上去曝光正常的值。此时可以看到图像在合成后变得比较平淡，高光没有过曝，暗调也没有欠曝，颜色也并不鲜艳。

【做一做】

(1) 执行“文件”→“自动”→“合并到HDR Pro”命令，在弹出的“合并到HDR Pro”对话框中，有一个“尝试自动对齐源图像”选项，它用于手持拍摄的照片。单击对话框中“浏览”按钮选择所需调整的照片（注意：要合并的照片必须大小相同），单击“确定”按钮，Photoshop即自动开始运算。采用3张不同曝光的JPG文件，曝光值从+5.0到-3.0，根据照片的大小，Photoshop自动运算时间不等。若文件大，计算机配置低时需耐心等待，如图5.40所示。

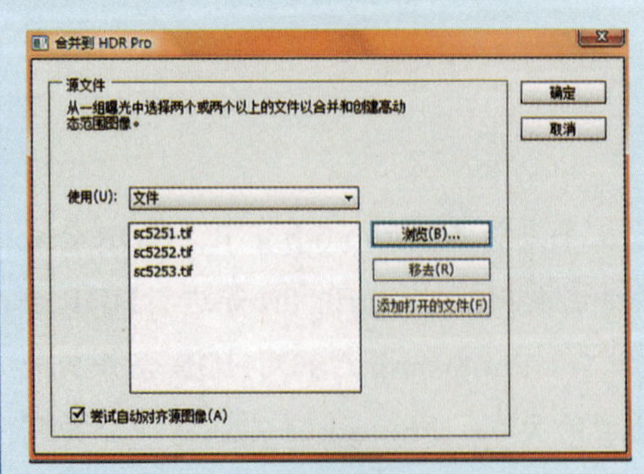

图5.40

(2) 如果照片之间有轻微的移动、倾斜，可以用它纠正。使用“浏览”，在资源管理器中找到要合并的图像。这里使用了3张曝光不同的JPG文件进行合成。计算结束后，会出现“手动设置曝光值”对话框，一般曝光值只在32位的照片中有作用，但对摄影技术不够熟悉的人来说一般使用默认值。单击“确定”按钮，即会得到“合并到HDR”对话框，选择“预设”效果为“饱和”，如图5.41、图5.42所示。

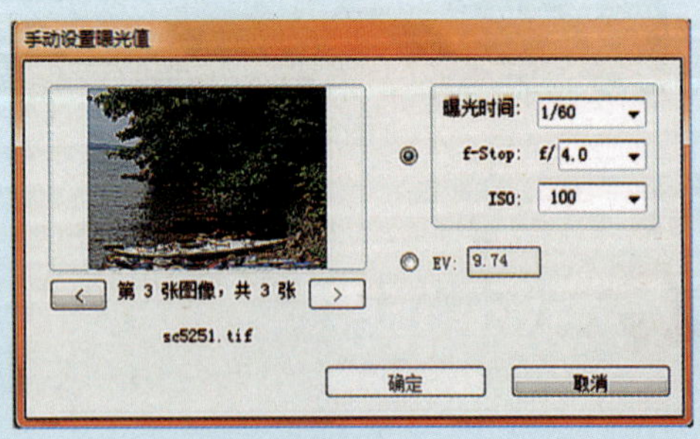

图5.41

(3) 执行以上操作后，就可得到合并了的HDR照片，如图5.43所示。

(4) 再执行“图像”→“调整”→“HDR色调”命令，在弹出的对话框中，设

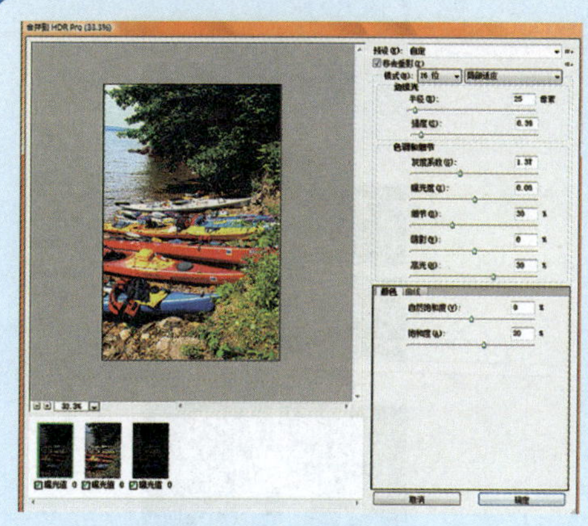

图5.42

图5.43

置“预设”为饱和。得到最终效果，如图5.43所示。

（5）如果没达到所要的效果，还可以通过对图片的色阶、色相饱和度、亮度/对比度等方面来进行设置。完成对照片HDR的设置后，将作品保存在自己的文件夹下，名称为“HDR照片. psd”。

【小贴士】

✲认识HDR照片：HDR为“高动态范围”的缩写。HDR技术的优势是可以让你得到一张无论在阴影部分还是在高光部分都有细节的图片。其具体特点可以概括为以下3点：①亮的地方可以非常亮；②暗的地方可以非常暗；③亮暗部的细节都很明显。

6.合成枪击玻璃效果

主要知识：利用蒙版、图层样式等命令制作合成的枪击玻璃的图片。

【效果图】

图5.44

【素材】

sc5261

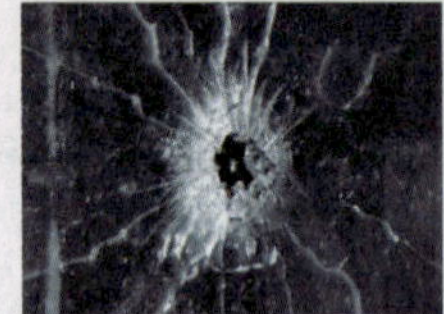

sc5262

【做一做】

(1) 打开素材文件“sc5261.jpg”和“sc5262.jpg”，将图“sc5262.jpg”拖入到图“sc5261.jpg”中，并调节其大小与位置。

(2) 用“魔术棒”工具选中图中间黑色部分并清除，如图5.45所示。

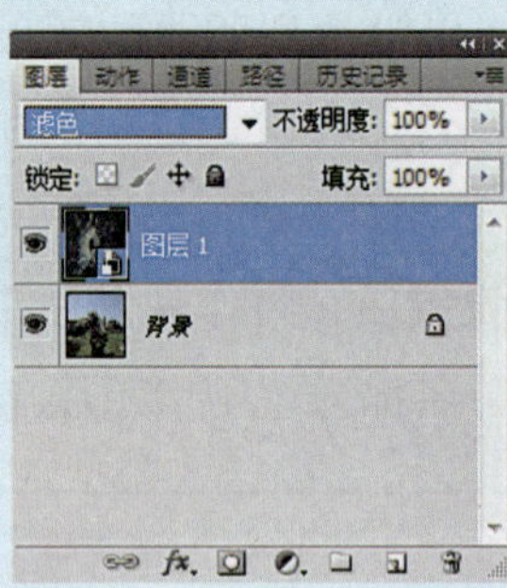

图5.46

图5.45

图5.47

(3) 将前景色设置为“#00b15”，再选择“画笔”工具在图层1上将一些杂点画掉，设置图层混合模式，改变混合模式为“滤色”。单击鼠标右键，选择“转换为智能对象”，如图5.46和图5.47所示。

(4) 选择顶层，位移影像按“Ctrl+J”键复制图层或选择“图层/复制图层”，得到“图层1副本”，如图5.48所示。

(5) 单击“图层1副本”，再单击鼠标右键选择“栅格化图层”，如图5.49所示。

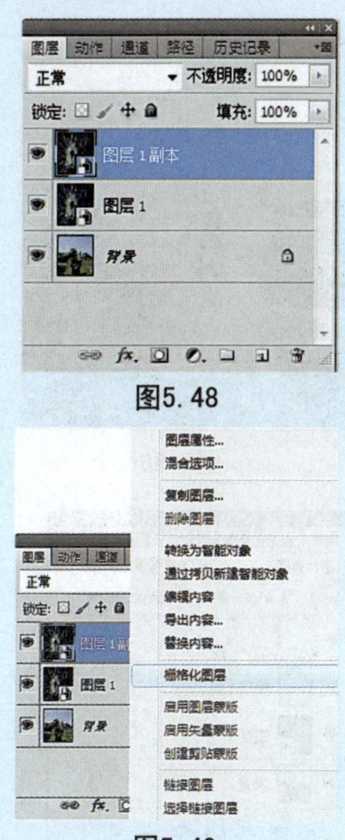

图5. 48

图5. 49

(6) 创建背景扭曲图选中顶层，按“Ctrl+L”键或执行“图像”→“调整”→“色阶”命令，在弹出的对话框中做如下调整：输入色阶值为：64，1，255，如图5.50所示。

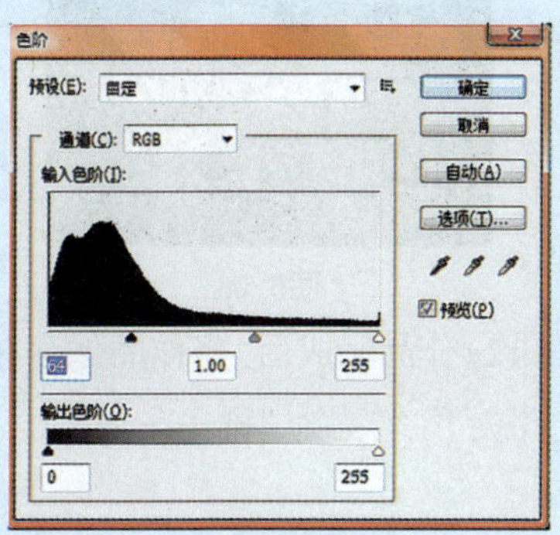

图5. 50

(7) 执行“滤镜”→“风格化”→“浮雕效果”命令，在图5.51所示的对话框进行设置。图层样式为“叠加”（角度为90度，高度为3像素，数量为130%）。

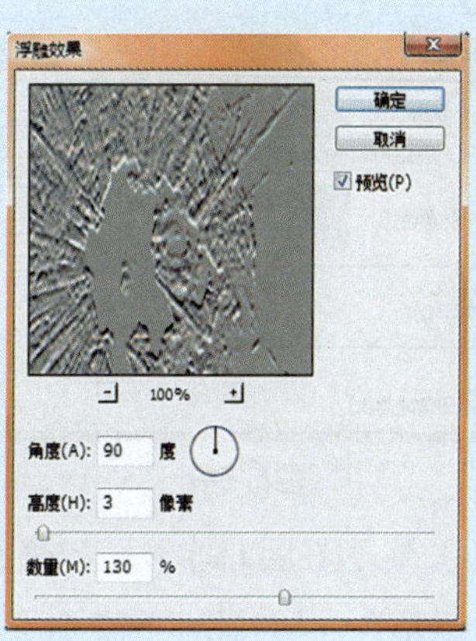

图5. 51

(8) 将前景色设置为“#808080”，在“图层1副本”上，选择“画笔”工具将杂点去掉，并设置其参数，如图5.52所示。

图5. 52

(9) 执行“图像”→“调整”→“照片滤镜”命令，并设置颜色为青色（R0，G127，B255），调整照片的色彩，如图5.53、图5.54所示。

图5. 53

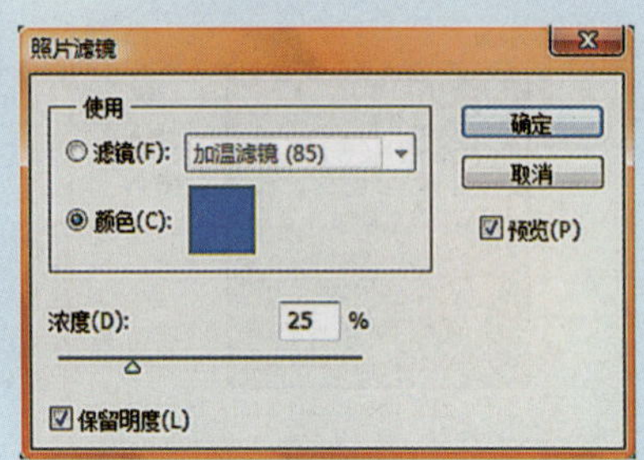

图5. 54

（10）在“图层1副本”上执行“图像”→“调整”→“色彩平衡”命令，设置色阶值为：-58，-14，-45，得到最终效果，如图5.55所示。

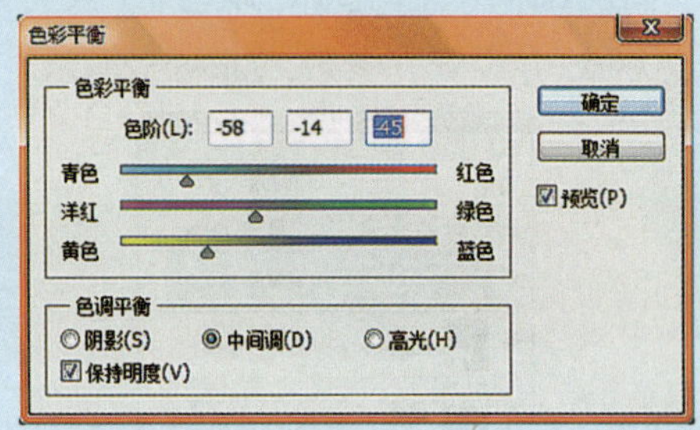

图5. 55

（11）在图层最顶端添加一个图层得“图层2”，如图5.56所示。将前景色设为白色，利用快捷键“Alt+Del”将“图层2”背景填充为白色。在图层样式中将图层设置为“正片叠底”，将背景色和前景色设置为默认的白色到“#02b5cf”颜色渐变，选择“渐变”工具设置径向渐变由中心拖动，如图5.57和图5.58所示。

图5. 56

图5. 57

图5. 58

（12）作品完成后，将作品保存在自己的文件夹下，名称为“枪击. psd”。

7.梦幻美女

主要知识点：本实例主要介绍图片素材合成及效果美化的基础知识。利用一些漂亮的素材背景配上好看的画笔效果，然后加上人物素材，即可合成漂亮的梦幻效果。

【效果图】　　　　【素材】

图5. 59

sc5271

sc5272

【做一做】

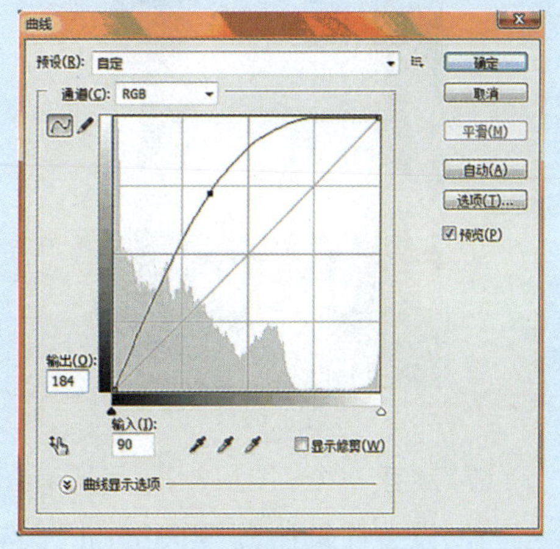

图5. 60

(1) 打开素材文件“sc5271.jpg”。

(2) 执行“图像”→“调整”→“曲线”命令或按快捷键“Ctrl+M”，在对话框中设置曲线如图5.60所示，以提高图片的亮度和对比度。

(3) 打开素材文件“sc5272.jpg”：使用“快速选择”工具，选取人像，再使用“移动”工具移到图“sc5271”中自动生成“图层1”，并按快捷键“Ctrl+T”（“自由变换”工具）缩放到与图“sc5271”相配的大小，并使用“模糊”工具在人像边缘进行细微模糊处理。如图5.61所示。

(4) 在图层 1 上，按快捷键“Ctrl+B”，对人物进行色彩平衡调整中间调色阶为(30, 0, 0)。

(5) 回到背景层上，按快捷键“Ctrl+B”对背景进行色彩平衡命令操作，使人

图5.61

物与背景的色彩相匹配。

（6）在“背景图层”与“图层1”之间新建一个“图层2”，把前景颜色设为：“#74C9DD”，背景颜色设为黑色，执行“滤镜”→“渲染”→“云彩”命令，确定后把图层混合模式改为“滤色”。效果如图5.62所示。

图5.62

（7）新建一个“图层3”放于所有图层之上，设置前景色为“#58b5dd”，选择星球笔触（可在网上下载）定义好大小后在合适的位置进行点出效果，如图5.63所示。

（8）在“图层3”上，执行“图像”→

图5.63

“调整”→“亮度/对比度”命令，设置亮度为38，对比度为37。

（9）选择一个45像素的软边笔触，把前景色设置为白色，新建一个“图层4”，在人物和星球周围涂抹，如图5.64所示。

图5.64

（10）执行“滤镜”→“模糊”→“动感模糊”命令，角度为50，距离为200。效果如图5.65所示。

（11）新建一个“图层5”，在图片上点出画笔效果（各种圆形、星形等图形笔触），在图像的周围进行单击，画笔透明度为60%；再双击图层调出“图层样式”，选择外发光，参数设置为：混合模

图5.65

式为变亮，不透明度：60%，颜色为白色到“#8bbcc8”渐变，范围：100%，使得所点笔触的图形形状发光，如图5.66所示。

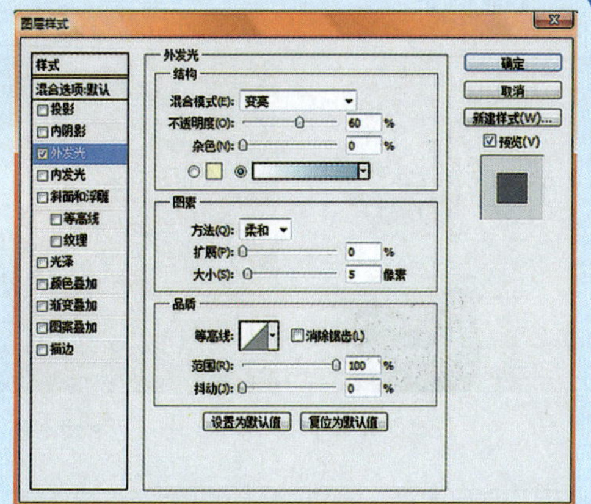

图5.66

（12）作品完成后，得到最终效果如图5.59所示。

【牛刀小试】

1.制作水彩纸效果

主要知识点：利用通道抠取图片，并用图层样式和滤镜等特殊效果命令制作水彩人像效果。

【效果图】

图5.67

【素材】

sc5311

sc5312

sc5313

【做一做】

(1)新建文件：1 920×1 200像素，背景为白色，颜色模式为RGB，分辨率为72像素/英寸，如图5.68所示。

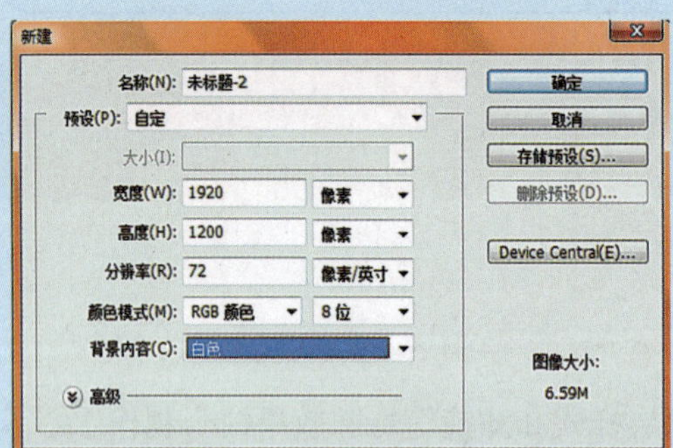

图5. 68

(2)打开素材文件“sc5311.jpg”。

(3)利用“通道”抠取人像：

①首先打开通道面板，分别查看红、绿、蓝3个通道中图片的色彩对比，其中最强的是蓝色通道，单击蓝色通道并复制得到蓝色通道副本，如图5.69所示。

图5. 69

②在“蓝色通道副本”层上，执行“图像”→“调整”→“色阶”命令，在弹出的对话框中的“输入色阶”项中输入(100，0.52，241)并确定，如图5.70所示。

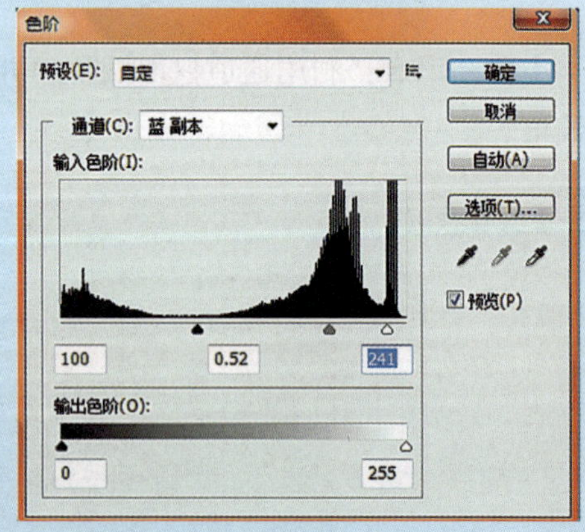

图5. 70

③再执行“图像”→“调整”→“阈值”命令，在弹出的对话框中输入阈值色阶值为255并确定，如图5.71所示。

④单击“画笔”工具，选择硬度为

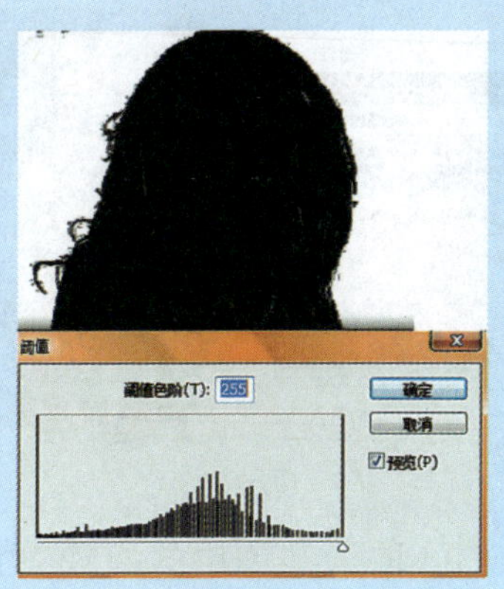

图5.71

100，大小适中的笔触，前景色设为黑色，将图像脸部和身上白色部分涂抹成黑色，如图5.72所示。

图5.72

⑤执行“选择”→“载入选区”命令，在弹出对话框中，输入新建的选区名称，并选择“反向”命令，得到图片中人像的选区，如图5.73所示。

⑥在通道面板中删除蓝色通道副本，回到图层面板，利用“移动”工具将被选中的人像移动到新建的画布中，并进行自由变换操作，得到如图5.74所示的效果。

(4)由于素材图分辨率较低，放大后需要对其进行修复。执行“图像”→“调整”→“亮度/对比度”命令，在弹出的对话框中设置亮度为71，对比度为23，如图5.75所示。

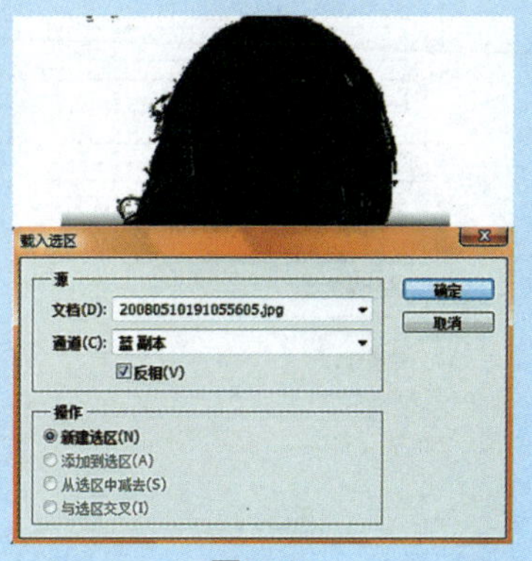

图5.73

图5.74

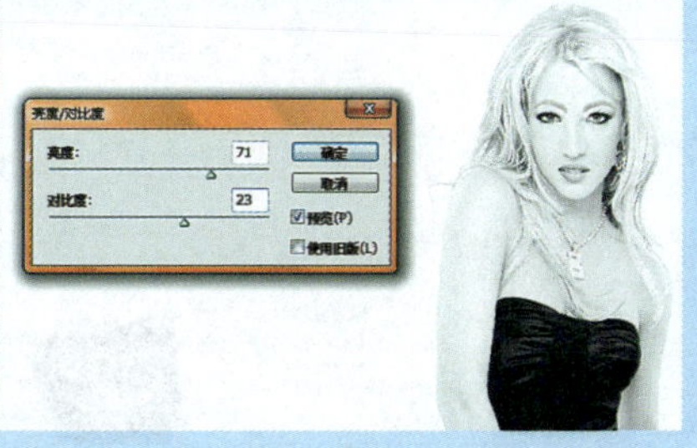

图5.75

(5)复制图层，在原图层上应用“滤镜”→“艺术效果”→“水彩”命令，设置画笔细节为12，阴影强度为1，纹理为2，单击“确定”按钮，如图5.76所示。

(6)选择复制层，执行“图像”→

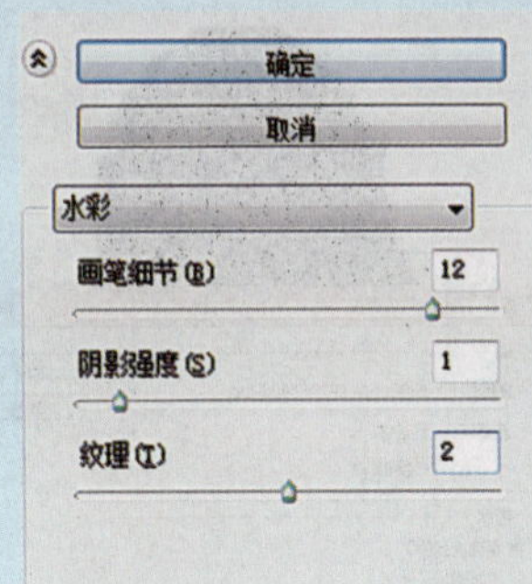

图5.76

"调整"→"阈值"命令，设置阈值为152，如图5.77所示。

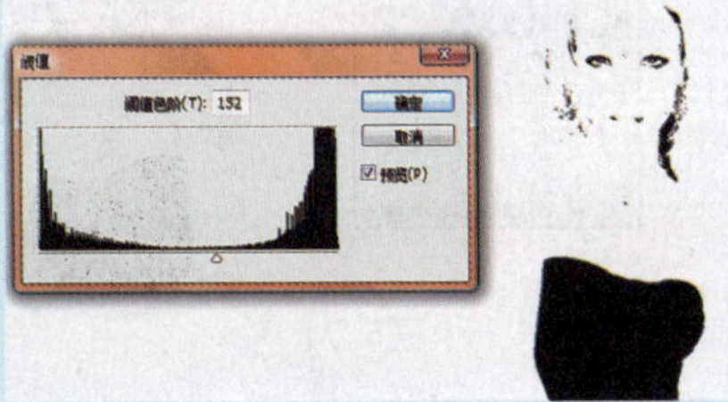

图5.77

(7)将阈值层混合模式设为"正片叠底"，合并阈值层和水彩层，如图5.78所示。

图5.78

(8)打开素材文件"sc5313.jpg"，应用"移动"工具将图移动到当前所制作的文件中覆盖住人像，如图5.79所示。

(9)隐藏笔刷层，选择人像层，全选(Ctrl+A)，复制(Ctrl+C)。

图5.79

(10)取消笔刷层的隐藏，并为笔刷层添加图层蒙版，按住"Alt"键并单击笔刷层蒙版进入蒙版编辑画面，粘贴(Ctrl+V)，反相(Ctrl+I)，如图5.80所示。

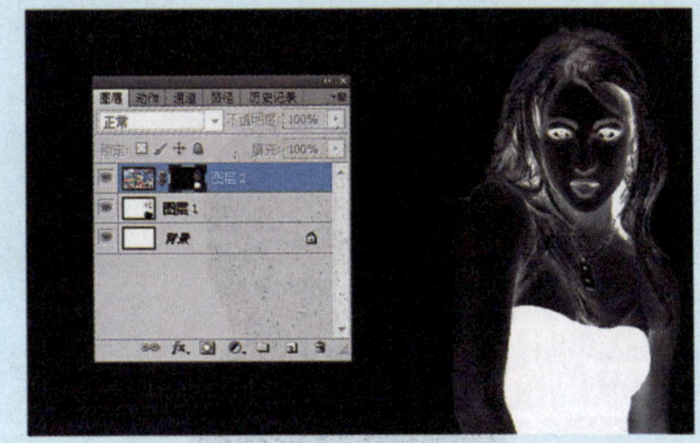

图5.80

(11)离开蒙版编辑画面，并隐藏人像层，如图5.81所示。

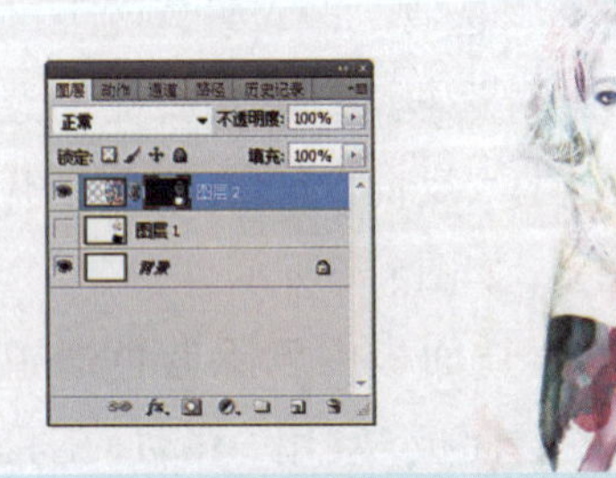

图5.81

(12)将背景素材"图sc5312"复制到画布顶层，并将图层混合模式改为"线性加深"，最终效果如图5.66所示。

2.制作宣传海报

主要知识点：使用合成的各种方法，把现有的素材加以融合组成一幅美丽的宣传海报，其中运用了图层样式、渐变等命令。

【效果图】

图5.82

【素材】

sc5321

sc5322

sc5323

sc5324

sc5325

【做一做】

（1）执行“文件”→“新建”命令，新建文件：600×800像素，分辨率为72，颜色模式为RGB，文件名为“xgt527”的文件。如图5.83所示。

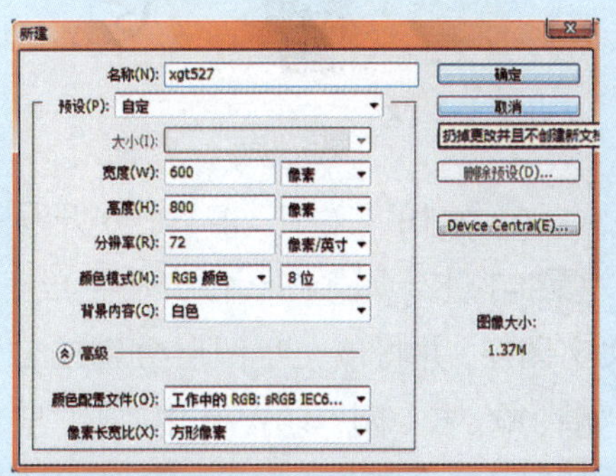

图5.83

（2）新建一层“图层1”，在“图层1”上使用“渐变”工具，设置前景色（R227，G227，B155）到白色从上到下的渐变，如图5.84所示。并在“图层1”中执行“图层样式”→“描边”命令，大小设置为1像素，位置为外部，混合模式为正常，不透明度为100%，颜色为黑色，如图5.85所示。

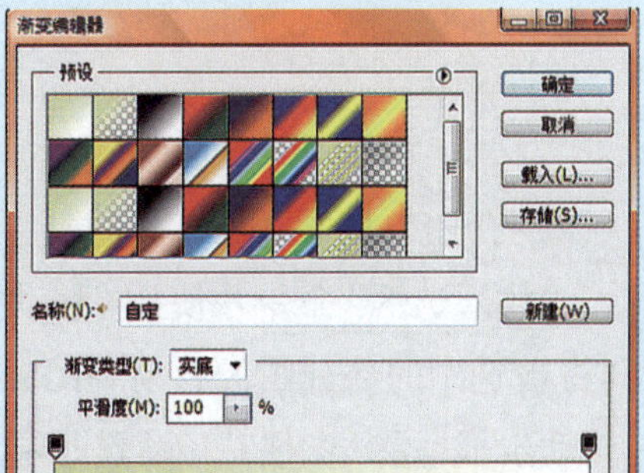

图5.84

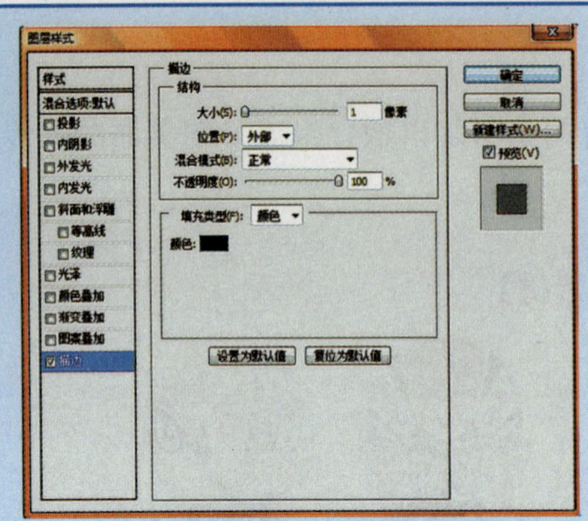

图5.85

(3) 新建“图层2”，在“图层2”中再使用“渐变”工具，设置前景色(R209, G6, B7)到背景色(R255, G239, B0)从上到下的渐变，并设置图层样式为“色相”，得到效果如图5.86所示。

图5.86

(4) 打开素材“图sc5321”,执行“选择”→“载入选区”命令并使用“移动”工具将被选中的部分图像移动到图5.86中，自动生成一层“图层3”，设置此层的“图层样式”为叠加，如图5.87所示。

图5.87

(5) 打开素材图sc5322~图sc5325，分别将这四张图片采取步骤(4)中载入选区并移动的方法，摆放好位置设置“图层样式”为正常，分别得到图层4~图层7，并且在图层7上添加混合模式“内阴影”(混合模式：正片叠加；不透明度为100%；角度120度；距离和大小都为5 px)效果如图5.88所示。

图5.88

(6) 使用“文字”工具，分开写入“唱、响、校、园”4个字，自动生成4个文字图层，并将该文字图层分别改名为“唱、响、校、园”4层，其中“唱”层和“校”层字体都设为“方正硬笔书法行书，字号：“唱”字设为152.57点，“校”字设为166.06点。而“响”层和“园”层字体都设为“楷体GB 2312”，字号：“响”

字设为80.1点，“园”字设为75.98点。全部文字层都分别加上“图层样式”：阴影、斜面浮雕效果。具体设置：混合模式为正片叠加，不透明度为75%，角度为120°，使用全局光，距离为5 px，扩展为0%，大小为5 px。具体操作步骤如图5.89~图5.93所示。

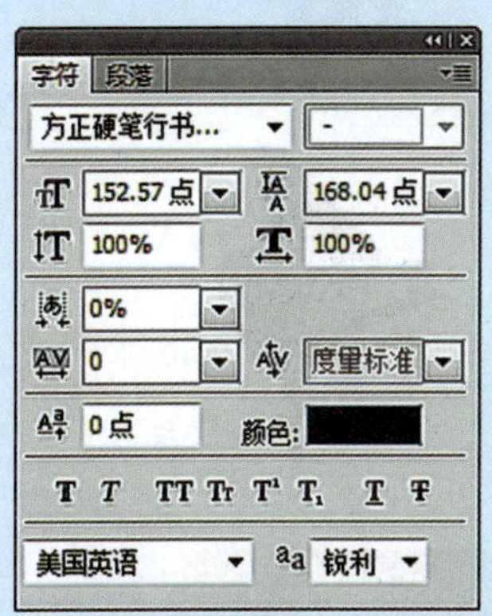

图5. 89

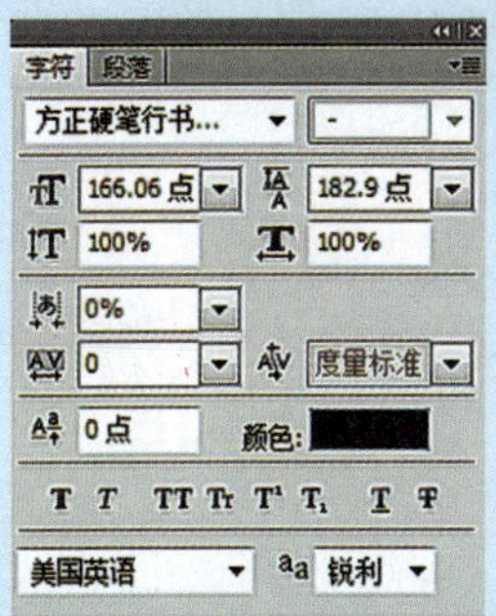

图5. 90

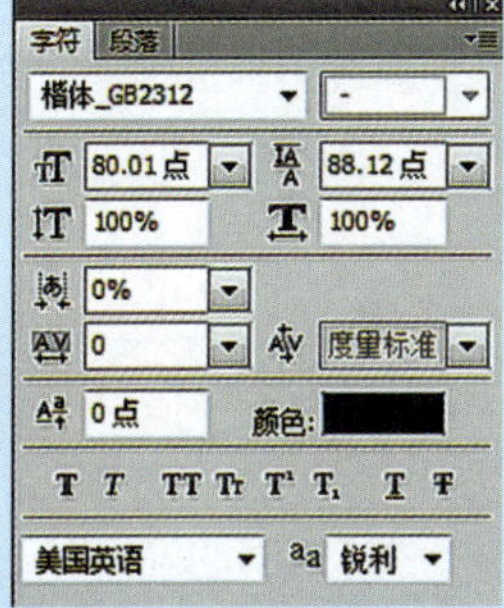

图5. 91

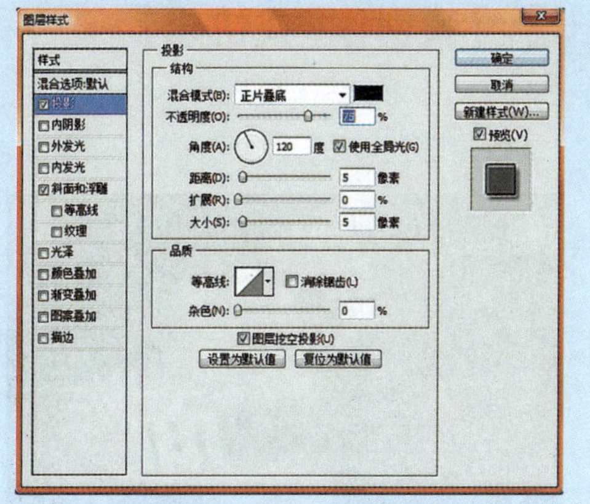

图5. 92

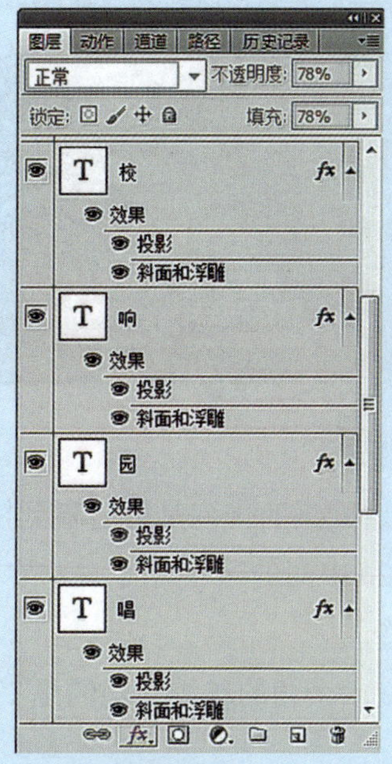

图5. 93

（7）最后利用文字工具，按效果图所示位置选择合适的字体和字号，加上时间、主办单位等文字内容。

（8）得到最终效果，如图5.82所示。

【我创作、我快乐】

【效果图】

【素材】(sc5411~sc5413)

【提示】

(1)面具的排列是由清晰到模糊,使用了“滤镜”命令。

(2)中间的字使用了一些字体变形和笔触的结合,还使用了图层样式中的“外发光”命令。

(3)4个角的花纹使用的是“笔触”。

模块六 摄行天下

——照片处理及综合技巧

【模块综述】

现在数码相机已相当普及，无论是旅游还是聚会，都会留下珍贵的瞬间。不过即便是专业摄影的照片也需要作后期处理，随手而拍的就更不用说了。在此模块中，将学习数码照片的获取、管理、常用修编和简单的艺术化设计技术。

模块目标：

- 了解数码照片的拍摄及相关知识。
- 用Adobe Bridge查看和管理照片。
- 在Camera RAW中调整数码照片。
- 问题照片的处理。
- 照片的艺术化修编。

任务一 拍摄数码照片需知

1.数码相机不同的拍摄模式

数码相机中都带有不同的场景模式，以适应不同的拍摄场景。相机中一般包括“全自动模式”“风光模式”“微距模式”“夜景模式”“人像模式”及“烟火模式”。

✲“全自动模式(Auto)”：相机自动设置好白平衡、快门、光圈、ISO值进行拍摄，相机会自动对焦，内置闪光灯也会自动工作，摄影师只要取景、对焦，按下快门即可完成拍摄。这是最省事的拍摄模式。

✲“风光模式”：这种模式可以把色彩表现得更加鲜艳，并且近景和远景都能呈现出清晰的效果。

✲“微距模式”：一般用于近距离拍摄昆虫、花朵等微小事物。在这种模式下，相机将微小的对象放大呈现，增强对象的细节特征，同时由于相机自动将光圈设置到最大，背景将被虚化。

✲“夜景模式”：用这种模式拍摄五颜六色的霓虹灯能得到很好的氛围，光影的结合使照片很有韵味。拍摄时，手一定要稳，最好能使用三脚架以增强相机的稳定性，得到清晰的照片。

✲“人像模式”：相机会自动调整到最大光圈，虚化背景，突出人物。

✲“烟火模式”：主要用于拍摄夜景灯光和烟花，可以快速定格烟花生成的瞬间并保证其清晰。如果是单反机，拍摄需要使用三角架将相机固定，手动对焦，小光圈、慢速快门，快门速度越慢，烟花的轨迹就越长，效果就越好。

2.数码单反相机

图6.1

“数码单反相机”就是使用单镜头反光新技术的数码相机，如图6.1所示。和普通的数码相机相比，单反机在焦距、光圈、快门速度、景深等方面都给了摄影师更大的调整空间，可以拍出更为艺术的作品，当然这也需要具有更高的摄影技术。

任务二 用Adobe Bridge查看和管理数码照片

1.在Adobe Bridge查看数码照片

将数码相机中的图片拷贝到计算机后，可以利用Adobe Bridge查看和管理照片。

【试一试】

（1）在PS标题栏中单击按钮“启动Bridge”按钮“Br”，打开PS自带的可视化浏览器，如图6.2所示。

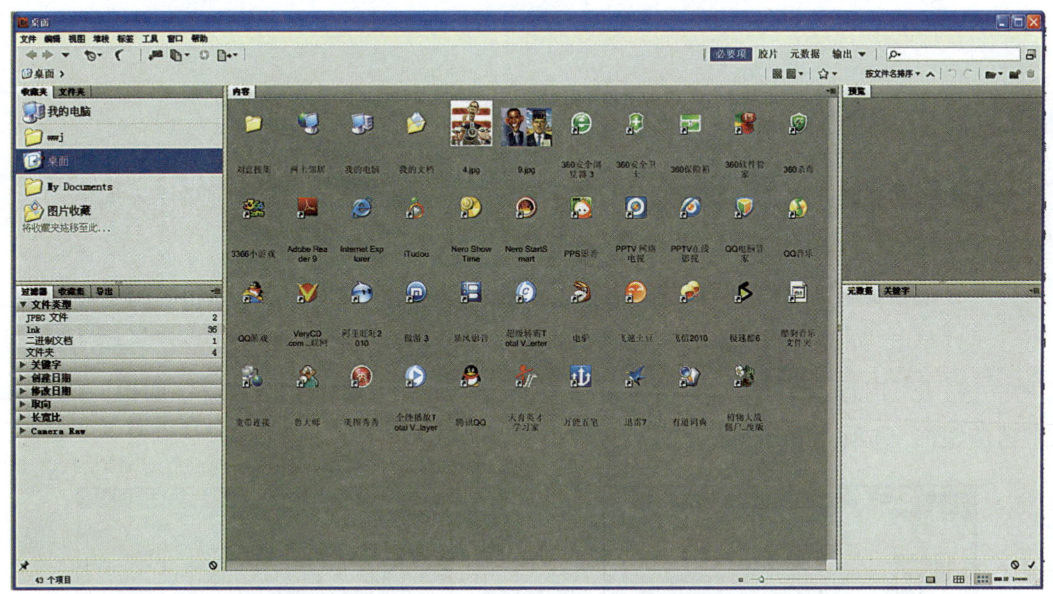

图6.2

（2）在窗口左边“收藏夹”下单击“我的电脑”，并在弹出窗口单击照片所在的盘符和文件夹，找到自己的照片。

（3）单击照片文件，这时在窗口右边的预览框中可以看到照片的缩略图和相关信息，如图6.3所示。

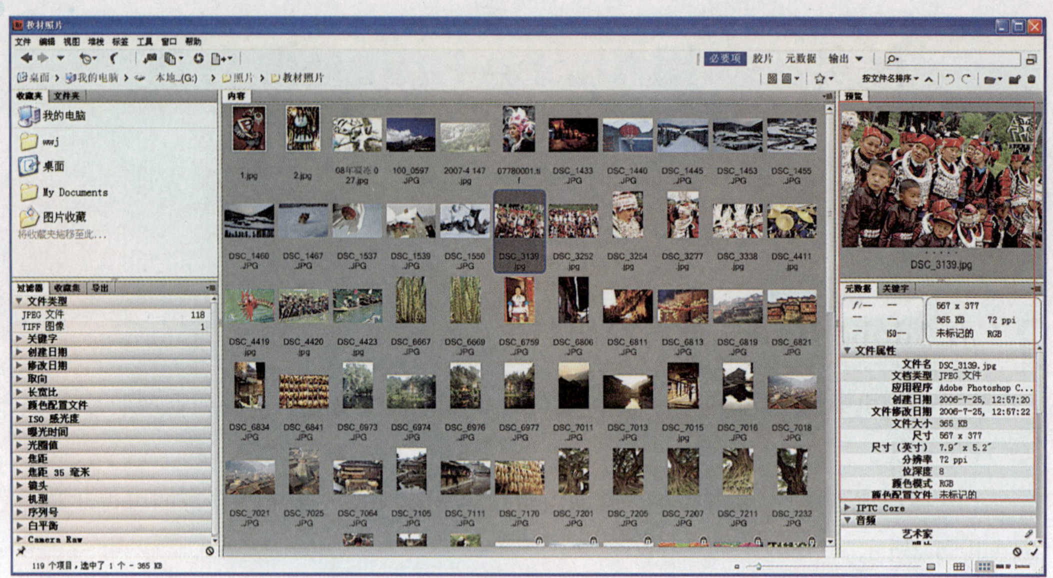

图6.3

2.为数码照片分类

在Adobe Bridge中能对照片添加日期、内容、地点等关键字，进而对照片分类。

（1）在Br面板右侧，点开“关键字”面板。

（2）单击面板右下角的“新建关键字”按钮，输入文字“黔东南”，如图6.4所示。

（3）单击“新建子关键字”按钮，输入文字“苗族银饰”，如图6.5所示。

（4）在“内容”面板中选择所有苗族银饰的照片文件，然后在“关键字面板”中勾选“苗族银饰”选项，如图6.6所示。

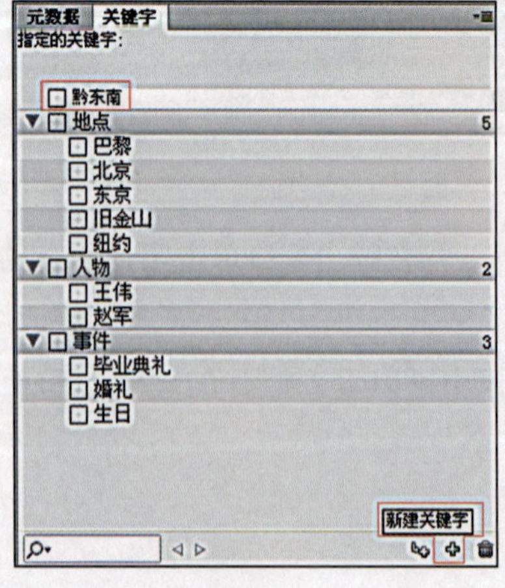

图6.4

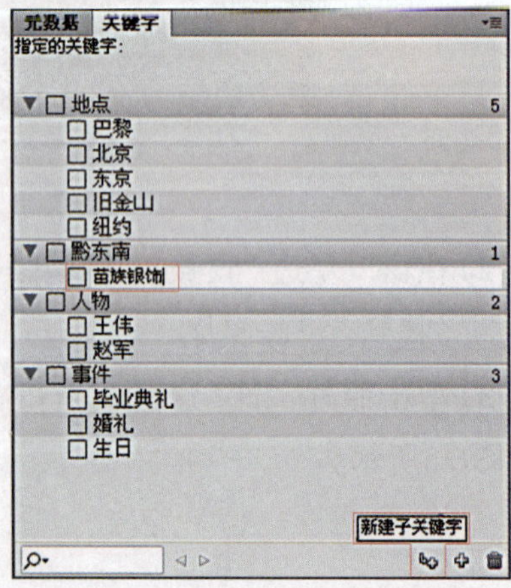

图6.5

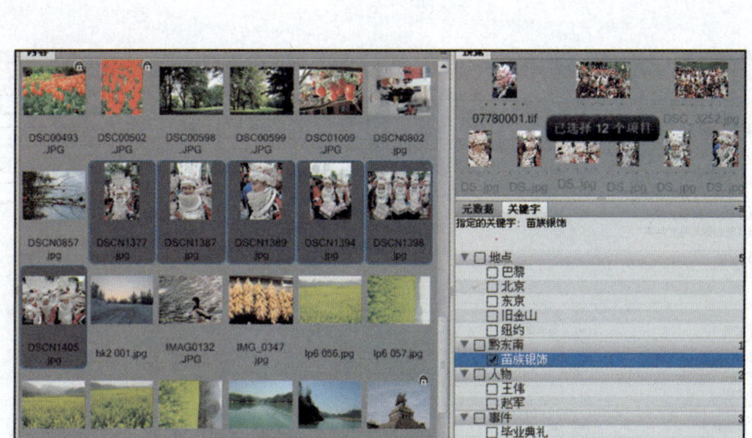

图6. 6

(5) 单击Br面板左侧的过滤器面板（也有译为“滤镜”面板的）。

(6) 打开折叠面板“关键字”，并单击“苗族银饰”选项。这时中间的内容面板中显示为刚才选择的照片，如图6.7所示。

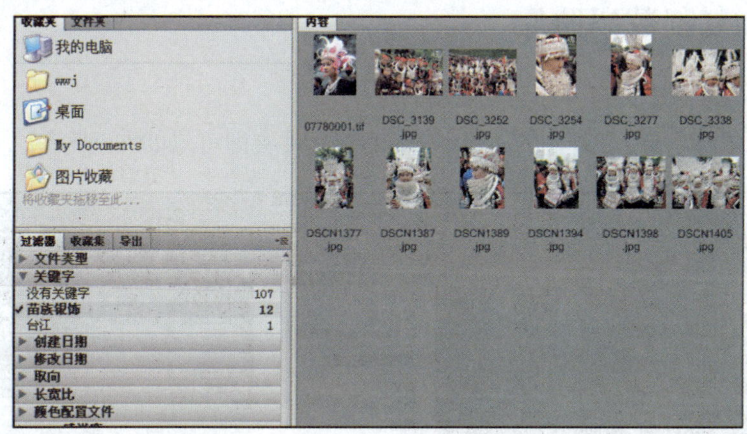

图6. 7

3.为数码照片重命名

(1) 在内容面板中选中图6.7中的12张照片。

(2) 执行“工具”→“批重命名”命令，打开对话框。

(3) 在“目标文件夹”选项组中选中“在同一文件夹中重命名”。

(4) 将“重命名”文本框中的文字更改为“苗族银饰”。选择系列号为2位。此时在对话框底部可以预览新的文件名，如图6.8所示。

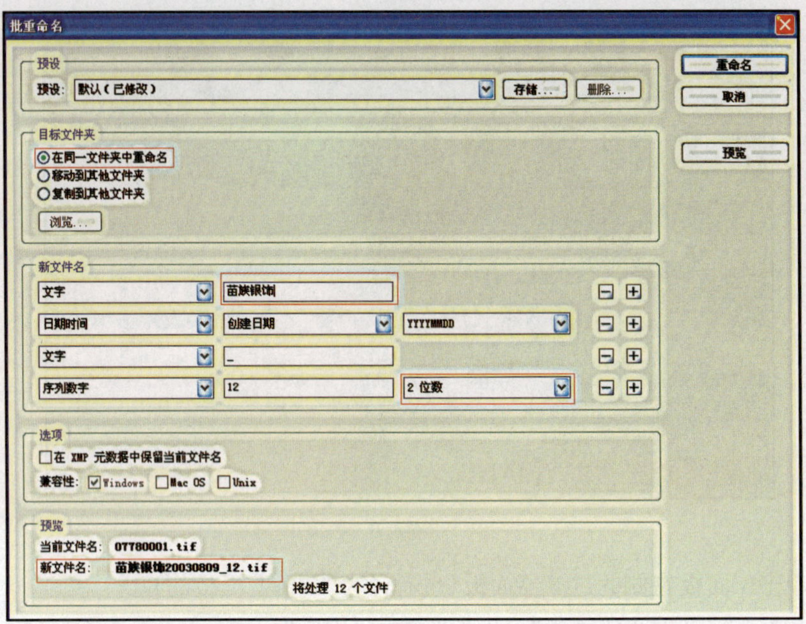

图6.8

4.移动和复制数码照片

(1) 在内容面板中选择要移动或复制的照片。

(2) 单击鼠标右键，在弹出的面板中选择目标文件夹即可，如图6.9所示。

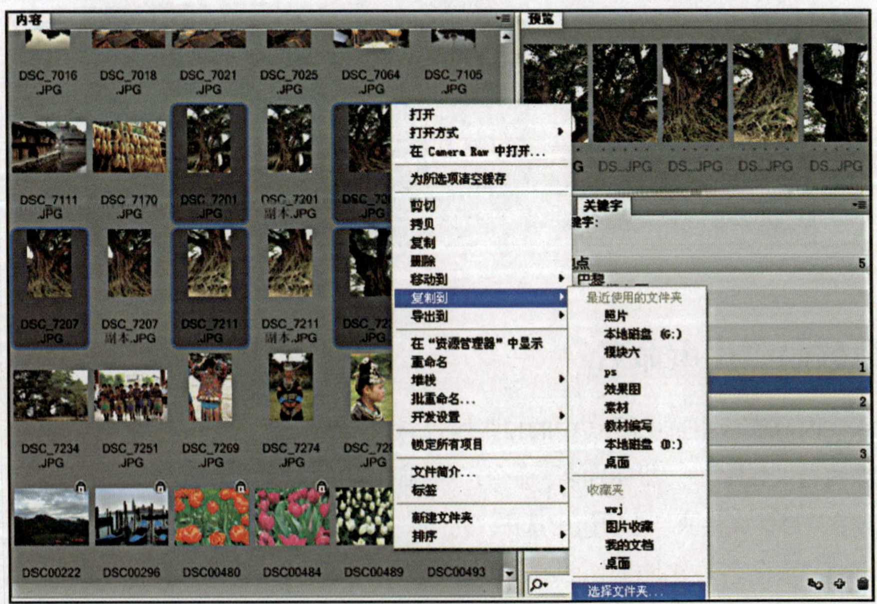

图6.9

任务三　在Camera RAW中调整数码照片

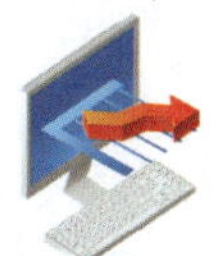

【知识窗】

在数码单反相机中，可以将文件保存为相机原始数据文件。不同的相机文件扩展名不同，如：.nef（尼康）或 .crw （佳能）。相机原始数据文件的优点是，让摄影师（而不是相机）对图像数据进行解释、调整和转换；而使用JPEG格式拍摄时，将由相机自动进行处理。

使用相机原始数据格式时，可使用Adobe Camera Raw设置白平衡、色调范围、对比度、色彩饱和度及锐化度。Camera Raw包含了一些Photoshop中没有的编辑功能，但有些功能只指对相机原始数据图像，在处理TIFF和JPEG图像时则没有。

1.夜——可以不同

【效果图】

（1）　（3）

（2）

（4）

图6.10

【做一做】

(1)打开“Bridge”窗口，在素材文件夹中找到相机原始数据文件“sc631.nef”，观察窗口右边的文件属性。

(2)执行“文件”→“在Camera Raw中打开”命令或用快捷键“Ctrl+R”或单击窗口中工具栏中的工具按钮，打开文件，如图6.11所示。

图6.11

(3)观察打开的“Camera Raw 6.0”窗口。注意右边的“基本”项，如图6.12所示。

图6.12

(4) 在“白平衡”后的选项框中选择“自动”，注意此时图片的色彩变化以及右上角“直方图”的变化，如图6.13所示。

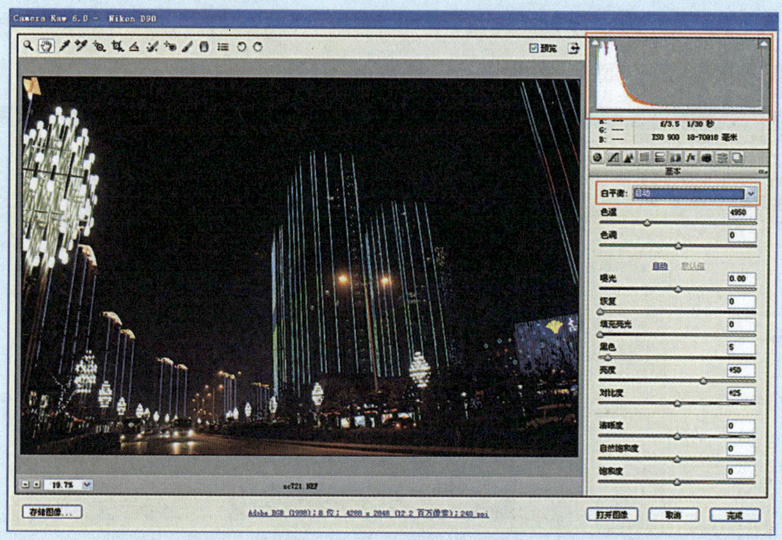

图6.13

(5) 单击窗口左下角“存储图像”按钮，在弹出窗口中设置好路径、文件名、文件格式保存文件为“xgt6311.jpg”，如图6.14所示。效果如图6.10 (1) 所示。

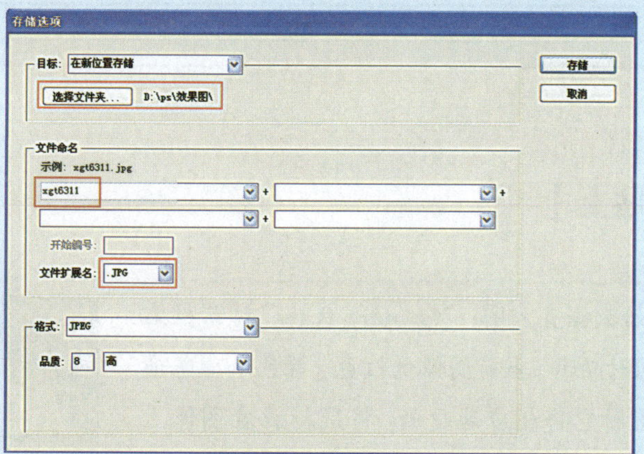

图6.14

(6) 在“白平衡”后的选项框中选择“白炽灯”，注意此时图片的色彩变化以及右上角“直方图”的变化，并存储图像为“xgt6312.jpg”，效果如图6.10 (2) 所示。

(7) 在“白平衡”后的选项框中选择“荧光灯”，注意此时图片的色彩变化以及右上角“直方图”的变化，并存储图像为“xgt6313.jpg”，效果如图6.10 (3) 所示。

(8) 在“白平衡”后的选项框中选择“闪光灯”，注意此时图片的色彩变化以及右上角“直方图”的变化，并存储图像为“xgt6314.jpg”，效果如图6.10（4）所示。

（9）单击“完成”按钮，关闭“Camera Raw6.0”窗口。

（10）在“Br”窗口中，找到“效果图”文件夹，并将其打开。单击“胶片”按钮，分别单击刚才保存的效果图，再次查看图片色彩的变化，如图6.15所示。

图6.15

【小贴士】

✻相机原始数据直方图：“Camera Raw”对话框右上角的直方图同时显示了当前图像的红色、绿色和蓝色通道，在调整设置时它将相应地更新。将鼠标放在图像上移动时，直方图下方将显示鼠标所处位置的RGB值，如图6.16所示。

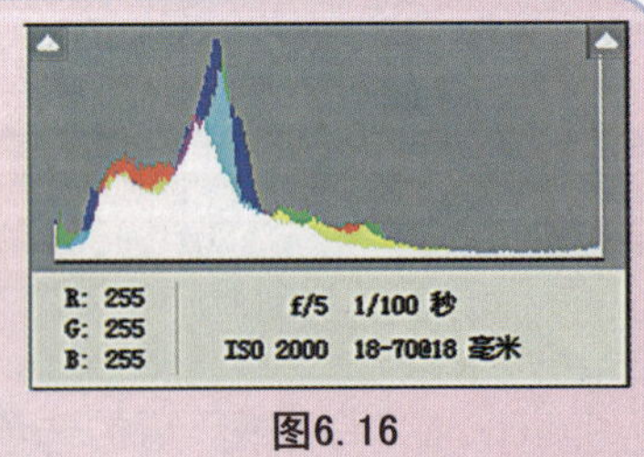

图6. 16

2.春—树也多彩

【效果图】

图6.17

【素材】

sc632

【做一做】

（1）在“Br”中找到素材文件“sc632.jpg”，按快捷键“Ctrl+R”用Camera Raw打开。

（2）打开右侧“基本面板”中的“白平衡”观察。由于这是一张JPG图片，这里就只有“原照设置”“自动”“自定”3个选项。选择“自定”，如图6.18所示。

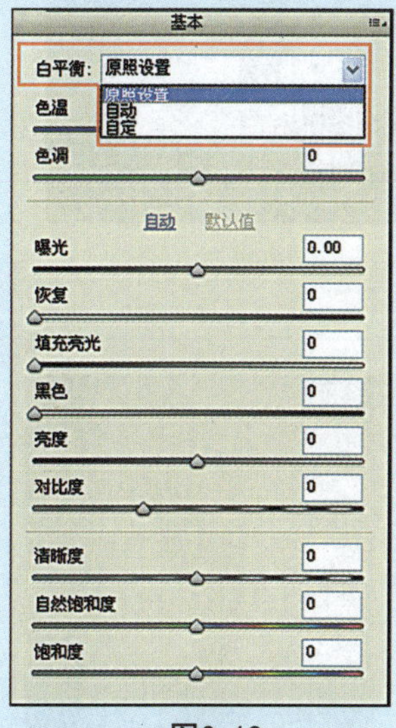

图6.18

（3）分别拖动“色温”“色调”的滑块，观察图片的变化。由于“色温”“色调”对图片的影响最大，所以在“基础面板”中，一般从上往下调整。

（4）设置各项参数：色调为-53；曝光为-0.55，对比度为-24，清晰度为23，自然饱和度为14，饱和度为54，如图6.19所示。

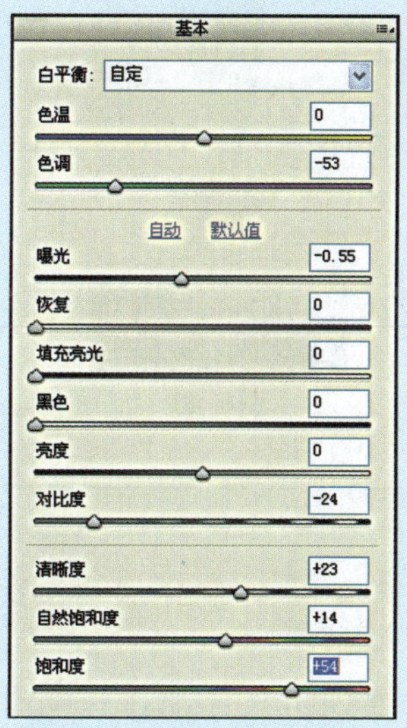

图6.19

（5）单击左下角“存储图像”，将图片保存为“xgt632.jpg”，如图6.17所示。

任务四　数码照片常见问题的处理方法

在我们平时拍摄的照片中常会出现曝光不足或过度、红眼、偏色、背光等问题。有些通过扫描得到的图像，还会有瑕疵、污渍，在PS中，可以运用“亮度/对比度”“色阶”“饱和度”等命令，再配合“修补”工具、“画笔”工具等来解决。

1.处理曝光不足的室内照片

【效果图】

图6.20

【素材】

sc641

【做一做】

（1）启动Photoshop并立刻按组合键“Ctrl+ Alt+Shift”以恢复默认首选项。

（2）打开素材文件“sc641.jpg”。

（3）用“裁剪”工具将照片多余部分修剪掉，如图6.21所示。

图6.21

（4）在标题栏上单击“基本功能”按钮，确定工作区，这时在界面右侧出现

"调整面板"。

（5）单击调整面板中"创建新的曝光度调整图层"按钮，这时在图层面板中将生成一个新的蒙版层"曝光度1"，曝光度的调整也将在这个图层中进行，如图6.22所示。

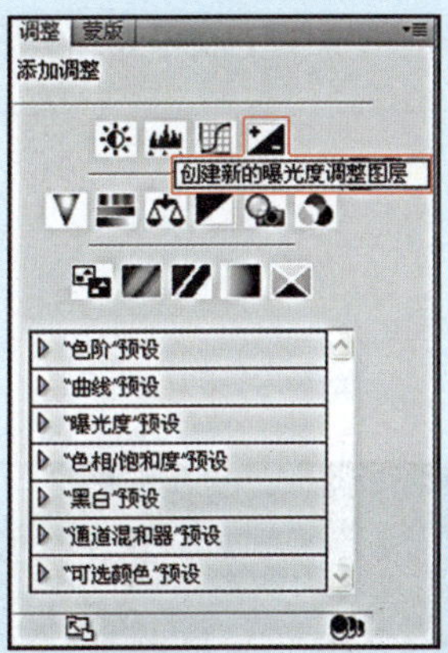

图6.22

（6）这时图层面板如图6.23所示。

图6.23

（7）将"曝光度"调整为1.15，然后单击面板左下角"返回到调整列表"按钮。回到调整面板，如图6.24所示。

（8）单击"创建新的自然饱和度调整图层"按钮，如图6.25所示。

（9）设置"自然饱和度"为100，"饱和度"为20，这时所得效果如图6.26所示。

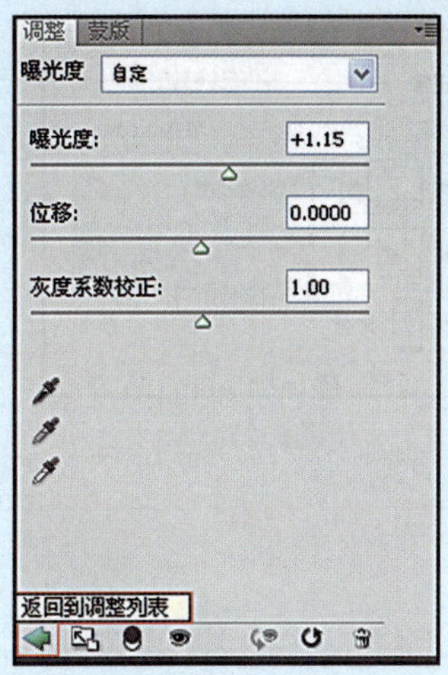

图6.24

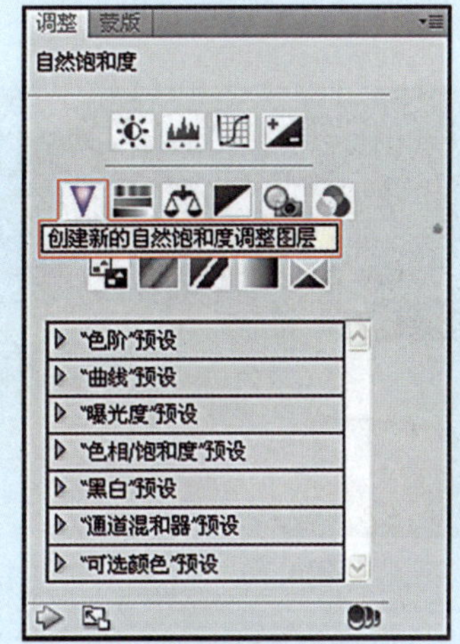

图6.25

图6.26

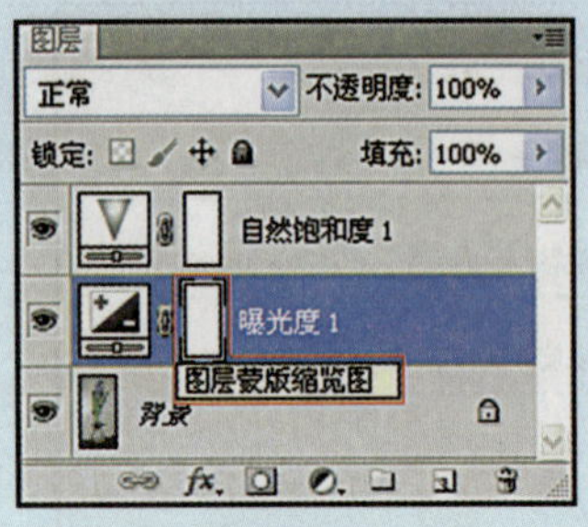

图6. 27

(10)单击图层面板上“曝光度1”中的“图层蒙版缩览图”,如图6.27所示。

(11)选择“画笔”工具,设置笔刷大小为300,模式为正常,不透明度为20%,设置“前景色”为黑色,在花的周围涂抹,让背景墙的纹理显现出来。

(12)保存图像,效果如图6.20所示。

2.处理逆光拍摄的照片

【效果图】

图6. 28

【素材】

sc642

【做一做】

(1)打开素材文件“sc642.jpg”。

(2)单击调整面板中“创建新的曲线调整图层”按钮。

(3)将曲线的输出值设为20,如图6.29所示。

(4)单击面板左下角“返回到调整列表”按钮,回到调整面板。

(5)单击“创建新的自然饱和度调整图层”按钮,设置“自然饱和度”为100。

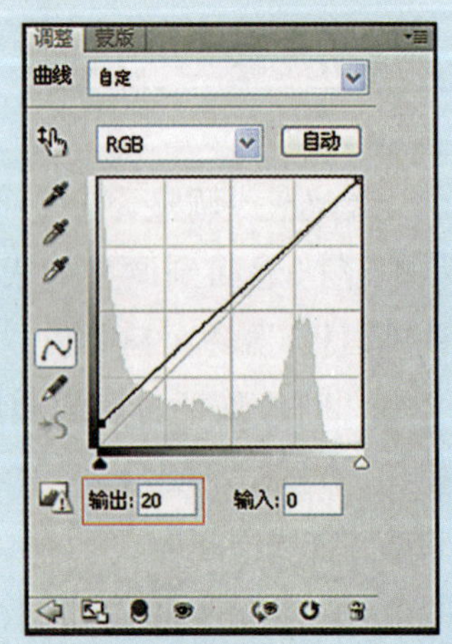

图6. 29

3.让灰蒙蒙的风景照焕发光彩

【效果图】

图6.30

【素材】

sc643

【做一做】

（1）打开素材文件“sc643.jpg”。

（2）按快捷键“Ctrl+J”，生成“图层1”。

（3）单击调整面板中的“创建新的曲线调整图层”按钮，并将曲线调整为如图6.31所示。

（4）按组合键“Ctrl+Shift+Alt+E”盖印可见图层，生成“图层2”。

（5）按快捷键“Ctrl+J”生成“图层2副本”。在图层面板上将“图层2副本”的图层混合模式改为“滤色”，提升图像亮度。

（6）单击图层面板底部的“添加矢量蒙版”按钮，为“图层2副本”添加蒙版，如图6.32所示。

（7）用“画笔”工具，将远山和天空涂抹出来，效果如图6.30所示。

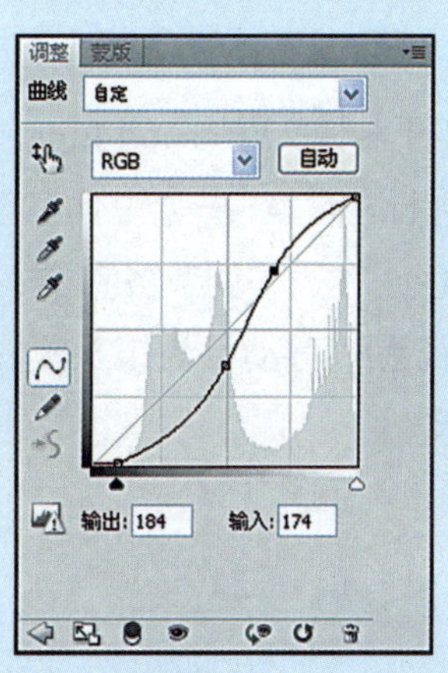

图6.31

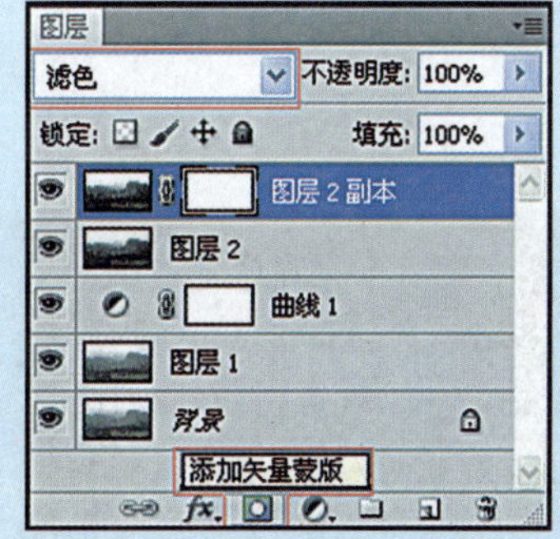

图6.32

4.挽救抖动模糊的照片

【效果图】

图6.33

【素材】

sc644

【做一做】

(1)打开素材文件“sc644.jpg”。

(2)执行“滤镜”→“锐化”→“智能锐化”命令,寻找并调节各参数:数量为500,半径为5,移动设为镜头模糊,如图6.34所示。

图6.34

5.挽救失焦的照片

【效果图】

图6.35

【素材】

sc645

（1）打开素材文件“sc645.jpg”。

（2）照片的右下角有拍摄日期，让我们先将其去掉。

（3）将照片右下角的拍摄日期放大，选择“修补”工具。

（4）由于鞋子的不同，先圈选“20”，选区应尽量小，如图6.36所示。

图6.36

（5）将选区上移到另一组鞋子的相同部位，注意观察下面的选区，当下面选区中前面的鞋子图案基本对上时再松开鼠标，如图6.37中两个紫色圆圈中所示。

图6.37

（6）用同样的方法修改余下的数字，这里不必太在意图案是否能很好对上，回到全图中你会发现那点局部已不是问题，如图6.38所示。

（7）按快捷键“Ctrl+J”复制生成“图层1”。

图6.38

（8）执行“图像”→“调整”→“去色”命令，将照片转化为黑白效果，如图6.39所示。

图6.39

（9）执行“滤镜”→“其他”→“高反差保留”命令，设置半径为4 px，并确定。

（10）在图层面板中将图层混合模式设置为“叠加”，如图6.40所示。

（11）按快捷键“Ctrl+J”再次复制图层，这时照片已很清晰了。效果如图6.35所示。

6.处理有噪点的照片

【效果图】

图6.41

【素材】

sc646

【做一做】

(1) 打开素材文件"sc646.jpg"。

(2) 按快捷键"Ctrl+J"生成"图层1"。

(3) 执行"滤镜"→"杂色" →"减少杂色"命令，在对话框中设置：强度为10，保留细节为6%，减少杂色为100%，锐化细节为0%。

观察照片，噪点已有所减少。按快捷键"Ctrl+F"，再次执行"滤镜"，再次减少噪点，效果如图6.42所示。

图6.42

(4) 按组合键"Ctrl+Shift+Alt+E"盖印可见图层，生成"图层2"。

(5) 执行"滤镜"→"其他" →"高反差保留"命令，设置半径为5 px并确定，效果如图6.43所示。

(6) 在图层面板中将图层混合模式设置为"叠加"，其最终效果如图6.41所示。

图6.43

任务五　照片的艺术化修编

1.南明河畔——利用标尺修改倾斜的照片

【效果图】

图6.44

【素材】

sc651

【做一做】

由于天气和摄影技巧的问题，原图房屋倾斜、画面灰暗，将其进行调整。

（1）打开素材文件“sc651.jpg”。

（2）双击“背景”图层，将其转换为“图层0”。

（3）在“窗口”菜单下勾选“信息”，打开“信息”面板。

（4）选取工具栏中的“标尺”工具，如图6.45所示。

图6.45

（5）用鼠标顺着图中建筑物垂直部分画一条直线，如图6.46所示。

图6.46

（6）在信息面板的“第二颜色信息”栏会自动转换为标尺信息，其中“A”为标尺与水平轴的夹角，“L”为长度（参见图6.47）；在图6.47中A=-91.5°，表明图像顺时针方向偏移了大约1.5°。

（7）执行“图像”→“图像旋转”→“任意角度”命令，单击“确定”按钮返回，如图6.48所示。

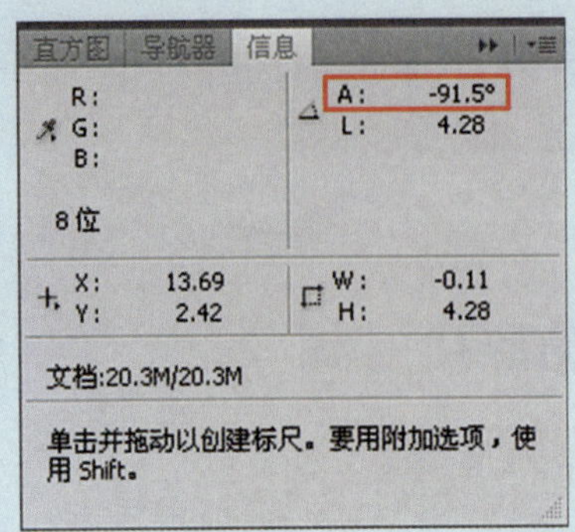

图6.47

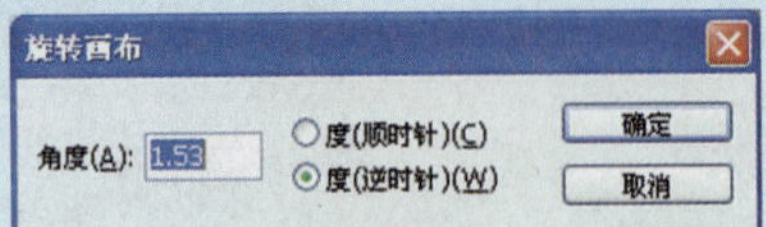

图6.48

【小技巧】

执行“图像”→“图像旋转”→“任意角度”命令，会根据上一次“标尺工具”的测量结果自动给出调整数据：本例中推荐逆时针旋转1.53°，在对图像进行水平调整时非常方便。

(8)按图6.49中的大致位置拖曳出一个矩形选区，仔细观察不难发现：图像角度虽然正常了，但是由于位于图中显著位置的拦河坝与水平方向有一定偏移，使图像给人一种“不正”的感觉，需要作进一步调整。

图6.49

(9)设置前景色为红色：“R255，G0，B0”。

(10)新建“图层1”，执行“编辑”→“描边”命令，设置描边宽度为1像素，确定返回，绘制出调整的参考线。

(11)点选“图层0”，按快捷键“Ctrl+A”全选图像；执行“编辑”→“变换”→“透视”命令；向垂直方向拖曳右边的2个控制点到下图中的位置，直到拦河坝与红色水平参考线平行，按“Enter”键返回，如图6.50所示。

图6.50

(12)删除“图层1”。

(13)单击图层面板下方的“新建填充或调整图层”按钮，并点选弹出菜单中的“曲线”项，建立“曲线”调整图层。

(14)在相应的调整面板中添加(“输入”=230，“输出”=187)、(“输入”=58，“输出”=56)两个控制点。提升图像的亮度和对比度；将调整面板下方的“影响范围”开关切换到“此调整剪切到此图层”，如图6.51所示。

(15)单击图层面板下方的“新建填充或调整图层”按钮，并点选弹出菜单中的“色相/饱和度”项，建立“色相/饱和

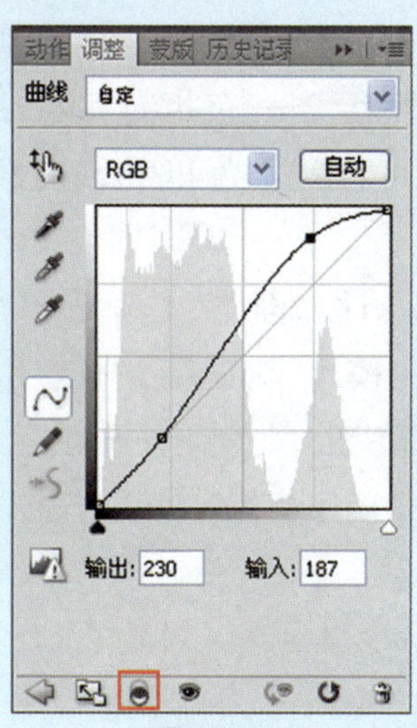

图6.51

度”调整图层。在相应的调整面板中：

①将调整面板下方的“影响范围”开关切换到“此调整剪切到此图层”。

②选择“全图”范围并调整“饱和度”为+25，如图6.52所示。

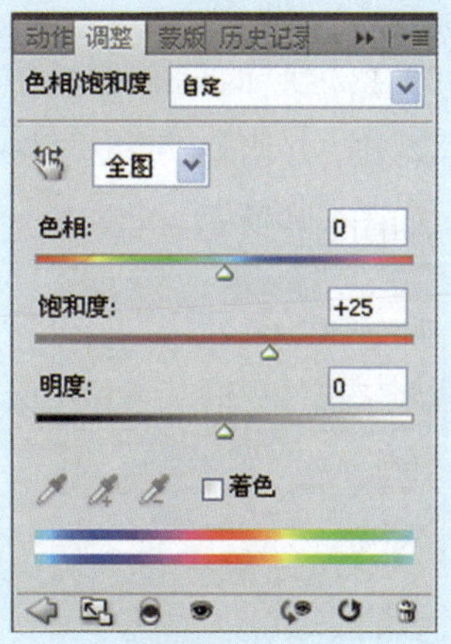

图6.52

③选择“绿色”范围并调整“饱和度”为+30，如图6.53所示。

（16）为图像上方的灰色天空建立选区；羽化1像素，按“Delete”键清除该区域，按快捷键“Ctrl +D”取消选区，如

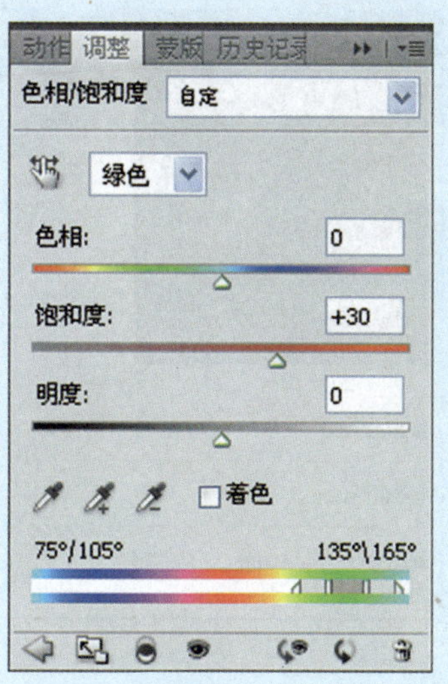

图6.53

图6.54所示。

图6.54

（17）点选图层面板中最上层的“色相/饱和度1”图层；按组合键“Ctrl+Alt+Shift+E”盖印可见图层，得到“图层1”；执行“滤镜”→“锐化”→“USM锐化”命令，设置“数量”为150%，“半径”为1.2像素，“阈值”为0，如图6.55所示。

（18）打开素材文件“sc6512.jpg”。

（19）将新打开的“彩云”图片拖曳到处理的文件中，PS会自动为其创建“图层2”。

把“图层2”拖到图层面板的最下

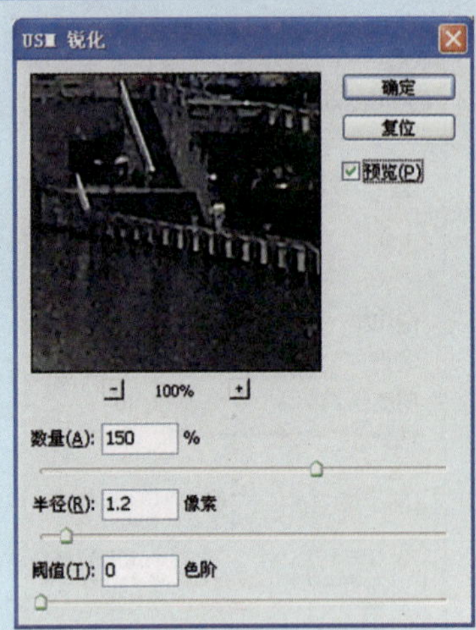

图6.55

层，当前图层结构如图6.56所示。

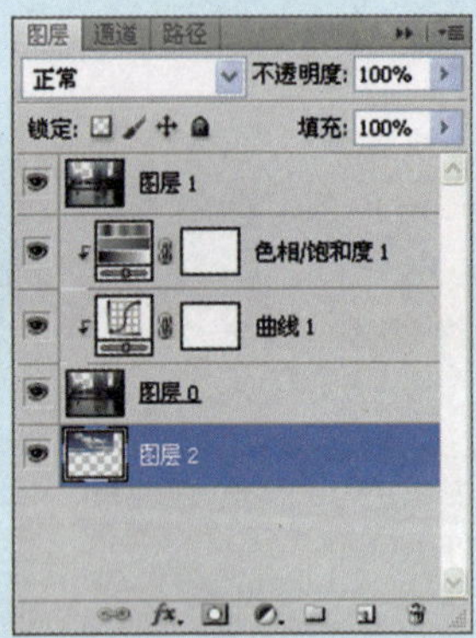

图6.56

（20）点选“图层2”，按快捷键“Ctrl+T”“自由变换”将该图层调整为如图6.57所示状态，按“Enter”键返回。

图6.57

（21）单击图层面板下方的“新建填充或调整图层”→“色相/饱和度”按钮，为“图层1”建立“色相/饱和度2”调整图层。

（22）点按“渐变”工具，默认黑白线性渐变、“模式”为正常、“不透明度”为100%，按下图中大致位置拖动，为“色相/饱和度2”图层蒙板创建渐变选区，如图6.58所示。

图6.58

（23）在相应的调整面板中，选择“全图”范围，并调整“明度”为+70，制作完成，如图6.59所示。

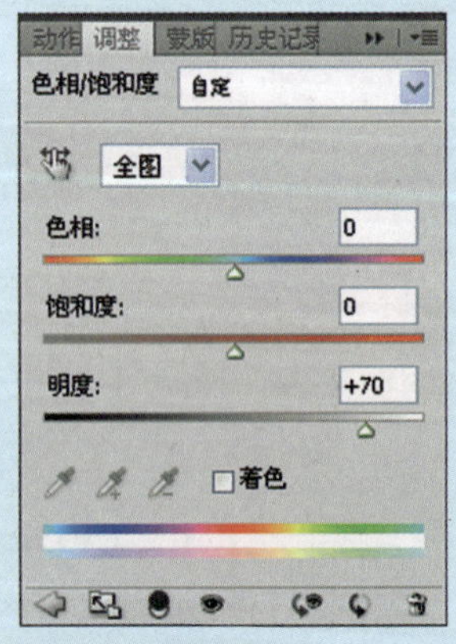

图6.59

（24）裁剪掉画面下部多余部分，使作品更精彩。

2.美人无暇

【效果图】

图6.60

【素材】

sc652

【做一做】

（1）打开素材文件“sc652.jpg”。

（2）这是一张很漂亮的照片，但仔细观察，可看到模特的脸上有雀斑和眼袋。

（3）按快捷键“Ctrl+J”复制“背景”图层得到“图层1”。接下来将在“图层1”上进行修改。

（4）放大模特的脸部，以便能够看清雀斑和眼袋，如图6.61所示。

图6.61

（5）在工具箱中选择“污点修复画笔”工具，设置画笔大小为10，硬度为0%，模式为正常，类型为“内容识别”。

（6）使用“污点修复画笔”在脸部的雀斑上绘画。由于选择了“内容识别”，将自动消除斑点，如图6.62所示。

图6.62

（7）按下空格键的同时用鼠标左键移动画布，松开空格键后继续用“污点修复画笔”工具修改其他斑点和脸上的头发丝。修改时，可根据需要，用键盘上的“[”“]”键来调节画笔的大小。

（8）放大模特的眼睛部分，选择

"修复画笔"工具，将画笔大小设置为10，硬度设置为100%。

(9) 按住"Alt"键并单击眼袋下方以指定采样源。

(10) 松开"Alt"键后在眼袋上涂抹，涂抹时画笔不要拖长，以单击和短线为主，效果如图6.63所示。

图6.63

(11) 用同样的方法修整另一只眼睛，修整时注意调节画笔的大小，效果如图6.64所示。

图6.64

(12) 模特眼睛上的一根银饰过长，现在用"修复画笔"工具把它修剪掉。

(13) 放大眼睛部分，按住"Alt"键并单击银饰旁边的皮肤，松开后再涂抹多余的银饰。

(14) 在眼线、眼帘、睫毛部分不断重新取样修复。这是一个很细心的活，几乎是一个像素一个像素地修复，如图6.65所示。

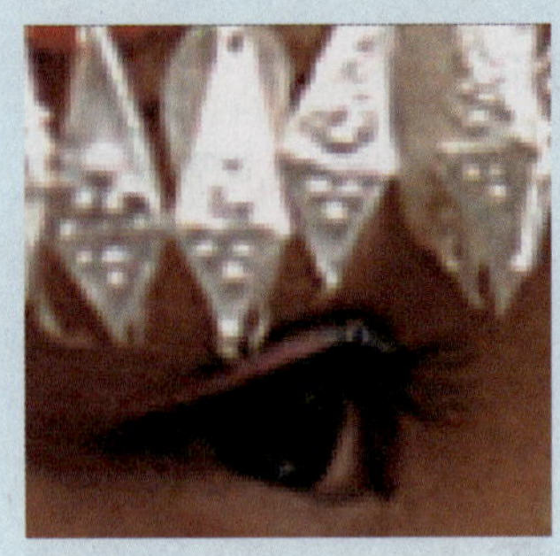

图6.65

(15) 双击"抓手"工具让图像全部显示出来。下面的制作会使模特的皮肤更细腻光滑。

(16) 按快捷键"Ctrl+J"复制生成"图层1副本"。

(17) 执行"滤镜"→"模糊"→"表面模糊"命令，设置半径为5 px，阈值为15色阶，如图6.66所示。

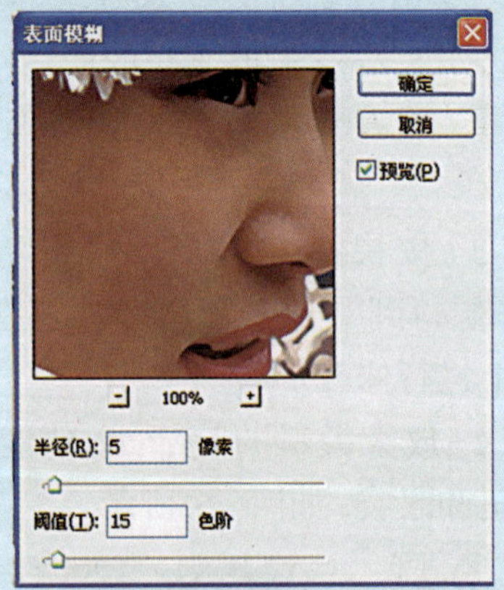

图6.66

(18) 现在模特的脸看起来很不自然。在"图层面板"中将"图层1副本"的"不透明度"设置为54%，就自然多了。

(19) 选择"橡皮"工具，设置大小为10～50 px，硬度为10%，不透明度为80%。

(20) 在眼睛、鼻子、嘴唇的轮廓线

和银饰上涂抹，删除模糊后图层的相应部分，让下面清晰图层的相应部分呈现出来。所得效果如图6.60所示。

【感谢】

本例图片由"贵州今彩民族文化有限公司"提供。

3.合成全景图

【效果图】

图6.67

【做一做】

有时候，我们眼前的景色美丽而又广阔，但镜头却小小的，这时可以固定相机，旋转镜头，将美景一张一张拍下，在PS中合成。

(1) 运行PS，在没有打开任何文件的情况下，执行"文件"→"自动"→"photomerge"命令。

(2) 在对话框中选中"自动"，通过"浏览"按钮找到素材文件夹，选取"sc6531.jpg""sc6532.jpg""sc6533.jpg"并确定，如图6.68所示。

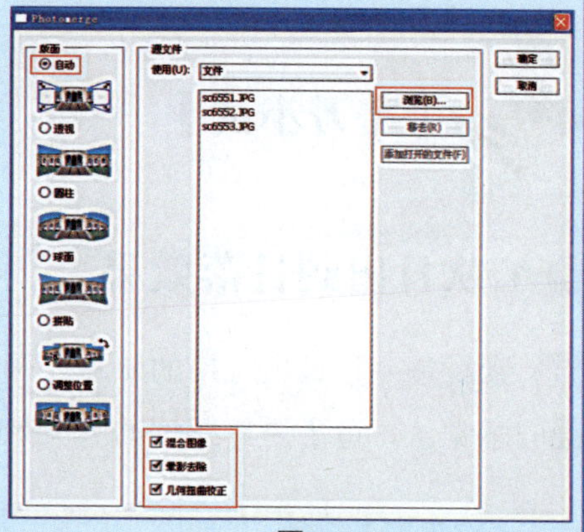

图6.68

(3) 选中对话框底部的3个复选项，再次确定。

(4) PS将自动创建全景图，它将检测图片的重叠区域并匹配它们，校正所有扭曲，这一过程可能要等待几分钟。

(5) 按组合键"Ctrl+Shift+E"合并可见图层如图6.69所示。

①裁剪掉图片两侧和下部的空白区域，如图6.70所示。

②选取相近色填充天空处空白区域。

③利用调整面板中"色阶"进行调整，使图片颜色更加鲜亮即可。

图6.69

图6.70

【牛刀小试】

1.从日出到日落效果

素材是一张日出时拍的照片，画面较冷，通过调整，增加了暖色色调，给人以温暖的感觉，打造了更具感性的唯美效果。

【效果图】

图6.71

【素材】

sc661

【做一做】

（1）打开素材文件“sc661.jpg”。

（2）按快捷键“Ctrl+J”生成“图层1”，将其图层混合模式设置为“柔光”，如图6.72所示。

图6.72

（3）单击调整面板中的“创建新的色相/饱和度调整图层”，将“饱和度”设置为60左右，如图6.73所示。

图6.73

（4）单击调整面板中的“创建新的照片滤镜调整图层”，将参数设置为“加温滤镜”，浓度设置为45%，并勾选“保留明度”，如图6.74所示。

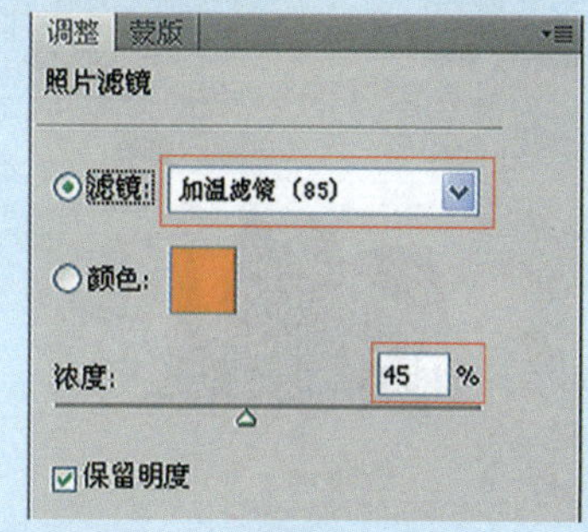

图6.74

（5）观察效果并保存。

2.打造梦幻雪景效果

【效果图】

图6.75

【素材】

sc662

【做一做】

(1)打开素材文件“sc662.jpg”。

(2)单击调整面板中的“创建新的色阶调整图层”按钮，调整中间色调输入色阶的值为0.59，将中间色调调暗，如图6.76所示。

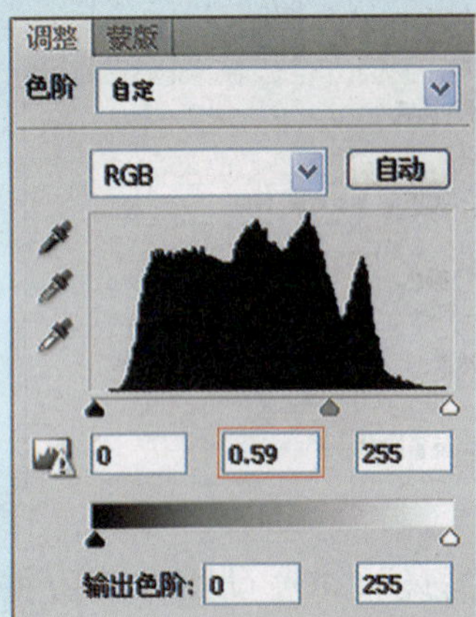

图6. 76

(3)得到效果如图6.77所示。

图6. 77

(4)按组合键“Ctrl+Shift+Alt+E”盖印可见图层生成“图层1”。单击调整面板中的“创建新的色彩平衡调整图层”按钮。对“中间调”进行设置，如图6.78所示。

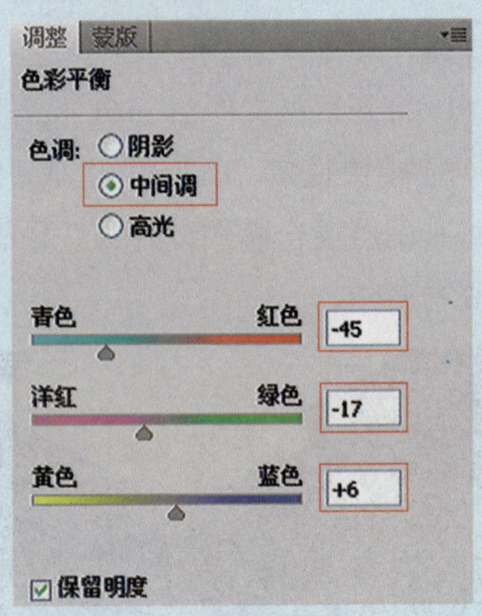

图6. 78

(5)单击调整面板中的“创建新的色阶调整图层”按钮，调整高光输入色阶的值，将图片提亮，如图6.79所示。

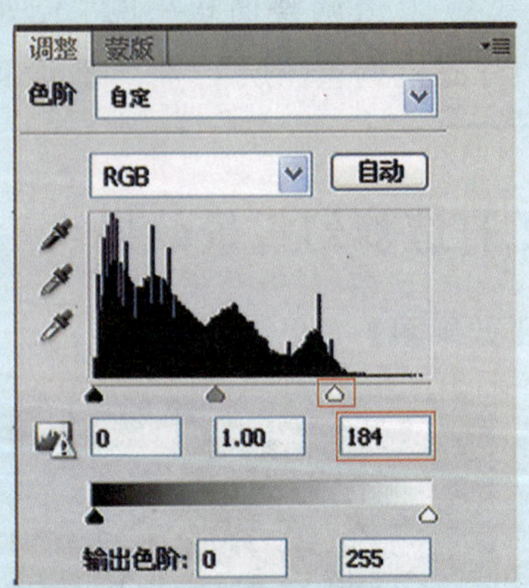

图6. 79

(6)按组合键“Ctrl+Shift+Alt+E”盖印可见图层，生成“图层2”，如图6.80所示。

(7)按快捷键“Ctrl+J”生成“图层2副本”，执行“滤镜”→“锐化”→“进一步锐化”命令。

（8）将"图层2副本"的图层混合模式设为"叠加"，并适当降低"不透明度"。

（9）保存图像。

图6.80

3.打造照片的明信片效果

【效果图】

图6.81

【素材】

sc663

【做一做】

（1）打开素材文件"sc663.jpg"。用"仿制图章"工具将照片上的电线除去。

（2）单击调整面板中的"创建新的曲线调整图层"按钮并调整，增加照片的对比度，如图6.82所示。

（3）单击调整面板中的"创建新的亮度/对比度调整图层"按钮，调整亮度

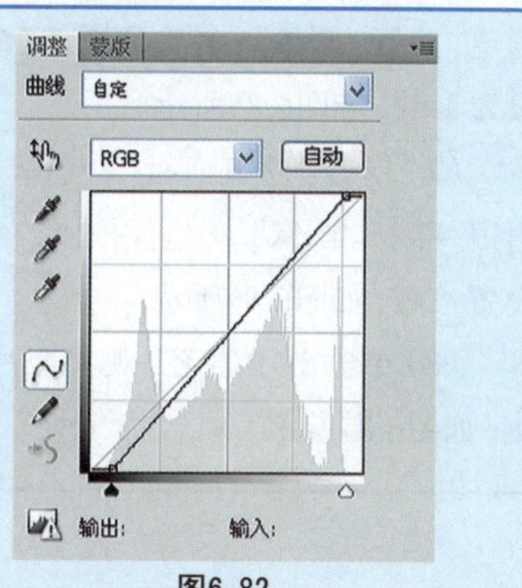

图6.82

为38，对比度为50，如图6.83所示。

图6.83

（4）按组合键“Ctrl+Shift+Alt+E”盖印可见图层，生成“图层1”。

（5）单击“通道面板”，选择“红”通道。执行“图像”→“应用图像”命令，设置参数，如图6.84所示。

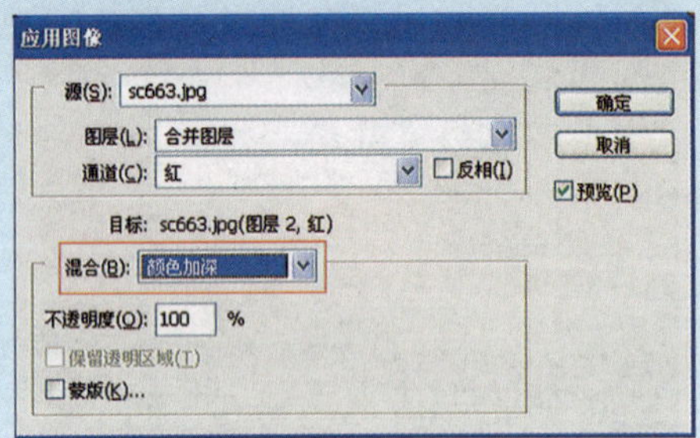

图6.84

（6）单击“通道面板”，选择“绿”通道，执行“图像”→“应用图像”命令，设置参数，如图6.85所示。

（7）单击“通道面板”，选择“蓝”通道。执行“图像”→“应用图像”命令，设置参数，如图6.86所示。

（8）单击RGB通道，观察照片的变化，如图6.87所示。

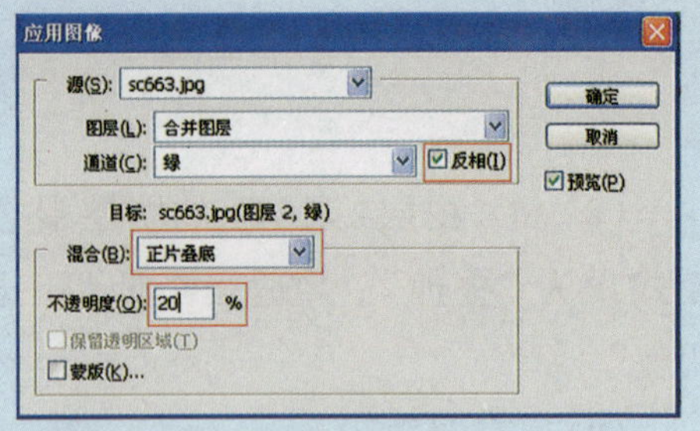

图6.85

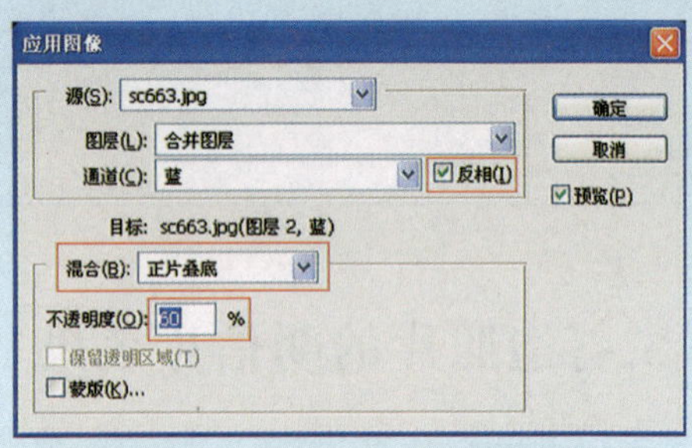

图6.86

图6.87

（9）按快捷键“Ctrl+J”生成“图层2副本”，执行“滤镜”→“模糊”→“高斯模糊”命令，设置参数为4。

（10）将“图层2副本”的图层混合模式设为“柔光”，保存图像。

【我创作、我快乐】

为照片换底

【效果图】

【要点】

利用“快速选择”工具及蒙版选取人物。

(1) 打开前面已处理好的照片“xgt652.jpg”。

(2) 选择“快速选择”工具，设置硬度为100%的大画笔，在照片人物的脸上的头饰上涂抹。

(3) 执行“窗口”→“蒙版”命令，打开蒙版面板。

(4) 单击面板中的“添加像素蒙版”。图像未选取部分呈透明显示。

(5) 单击面板中的“蒙版边缘”按钮，打开“调整蒙版”对话框并调整、确定，如下图所示。

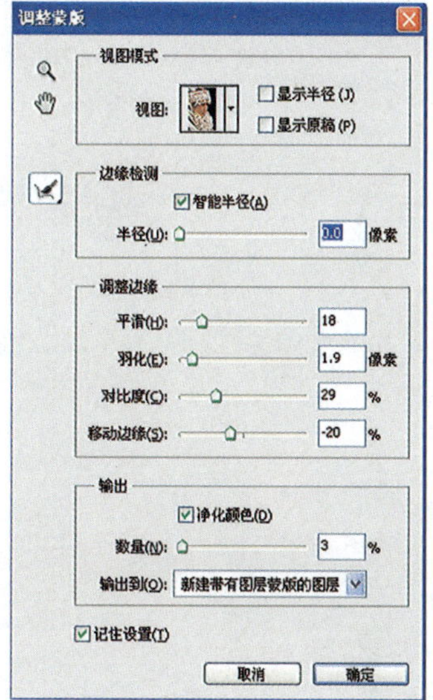

(6) 在图层面板中删除底层图层，并新建一层后填充背景。

(7) 观察图像，如有不满意的地方，点选图层上的蒙版缩略图，选择“画笔”工具，用柔边画笔，以白色涂抹显现图片，以黑色涂抹则显现背景，直到满意为止。

模块七 超炫酷图

——酷炫及手绘效果

【模块综述】

在此之前已学习了PS的很多技巧，本模块将综合应用PS的滤镜、色彩、图层、通道等功能，制作木纹、石纹、砖墙、气泡等背景，还将制作超酷图像。

模块目标：

- 木纹的制作及应用。
- 大理石纹的制作及应用。
- 砖墙的纹理制作。
- 打造动漫的酷炫背景。
- 双层气泡的制作及应用。
- 拼图效果制作。
- 苹果的手绘技法。

任务一　纹理的制作及应用

1.木纹玩具车

【效果图】

图7.1

【素材】

sc711

【做一做】

(1)新建文件800×800像素，分辨率为150像素/英寸，RGB颜色模式，透明背景。

(2)新建“图层1”并填充白色。

(3)设置“前景色”为(R95, G60, B19)“背景色”为(R156, G106, B0)。

(4)执行“滤镜”→“渲染”→“纤维”命令，设置“差异为14，强度为20”。

(5)将图像顺时针旋转90°，如图7.2所示。

(6)执行“滤镜”→“扭曲”→“极坐标”命令，如图7.3所示。

(7)用“椭圆选框”工具选择中央圆形部分反选删除。

(8)用“修复画笔”工具涂抹过于明显的交界处，使之过渡较自然，如图7.4所示。

图7.2

图7.3

图7.4

(9)执行“滤镜”→“液化”命令，在“液化”对话框中对图像进行变形，如图7.5所示。

(10)执行“滤镜”→“画笔描边”→“强化边缘”命令，调整参数加强纹理。

(11)调整色彩和对比度，得到自己想要的木纹颜色，全选并复制图形备用，如图7.6所示。

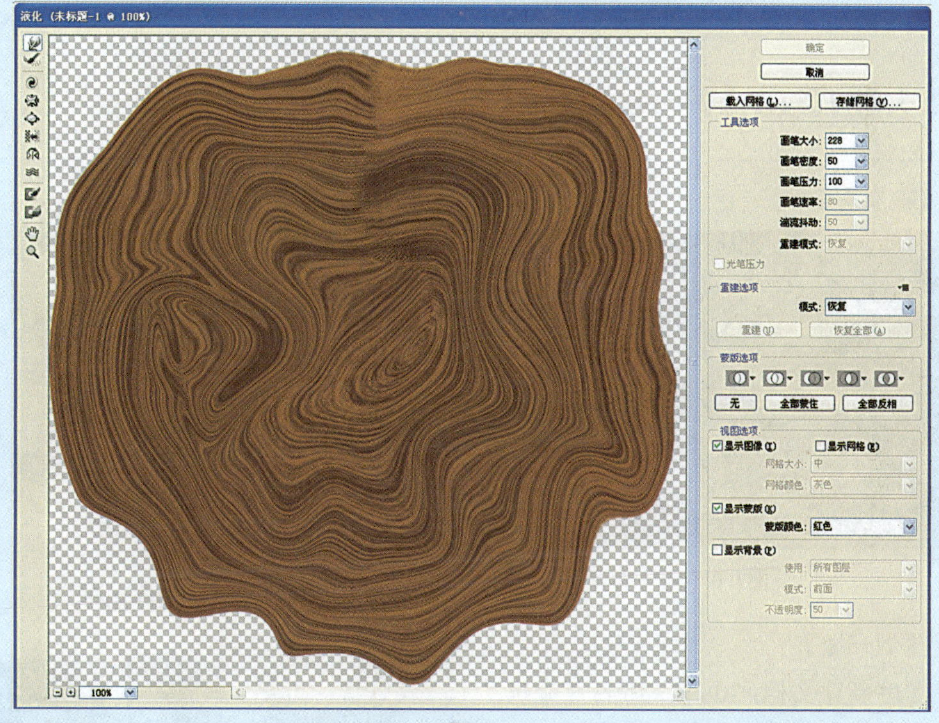

图7.5

(12)打开素材文件“sc711.jpg”，按快捷键“Ctrl+V”将木纹粘贴到本图中，使木纹完全覆盖玩具车。

(13)关闭木纹图层。

(14)用“魔棒”工具选取车体之外的背景和绿地。

(15)打开“木纹图层”为工作层，按“Delete”键删除木纹的多余部分，如图7.7所示。

(16)将“木纹图层”的图层混合模式设置为“柔光”。

(17)对图像进行色彩调整，使图像更完美。

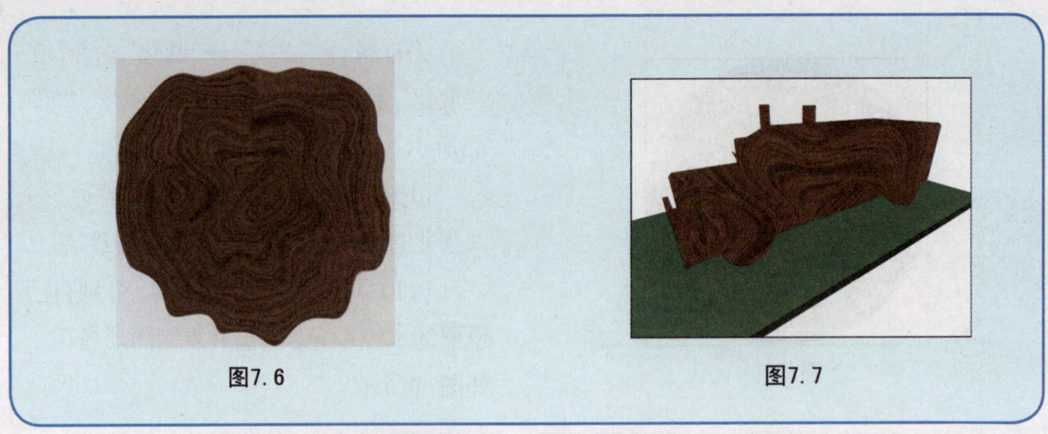

图7. 6　　图7. 7

2.大理石纹的制作及应用

【效果图】

图7. 8

图7. 9

【做一做】

（1）新建文档：20 cm×15 cm，分辨率为150像素/英寸，RGB颜色模式，白色背景。

（2）新建“图层1”。按下“D”键，设置前景色和背景色为默认颜色。

（3）执行“滤镜”→“渲染”→“云彩”命令，效果如图7.9所示。

（4）执行“滤镜”→“画笔描边”→“墨水轮廓”命令，描边长度为25，深色强度为7，光照为26，如图7.10所示。

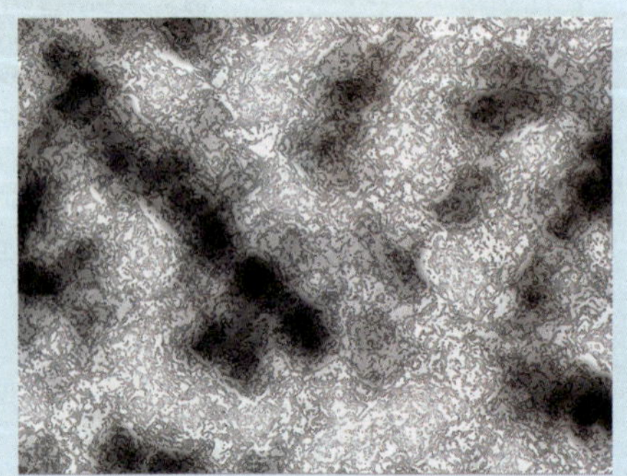

图7. 10

（5）执行“滤镜”→“素描”→“便条纸”命令，图像平衡为22，粒度为8，凸现

为10，如图7.11所示。

图7.11

（6）执行“滤镜”→“艺术效果”→“塑料包装”命令，高光强度为20，细节为9，平滑度为3，如图7.12所示。

图7.12

（7）按快捷键“Ctrl+L”，打开“色阶”对话框，将输出色阶白色滑块设为180，如图7.13所示。

（8）按快捷键“Ctrl+J”生成“图层1副本”。执行“滤镜”→“纹理”→“纹理化”命令，纹理为砂岩，缩放为200，凸现为25，光照：下。

（9）执行“滤镜”→“渲染”→“光照效果”命令，设置对话框参数，如图7.14所示。

（10）将“图层1副本”的混合模式设为“柔光”。

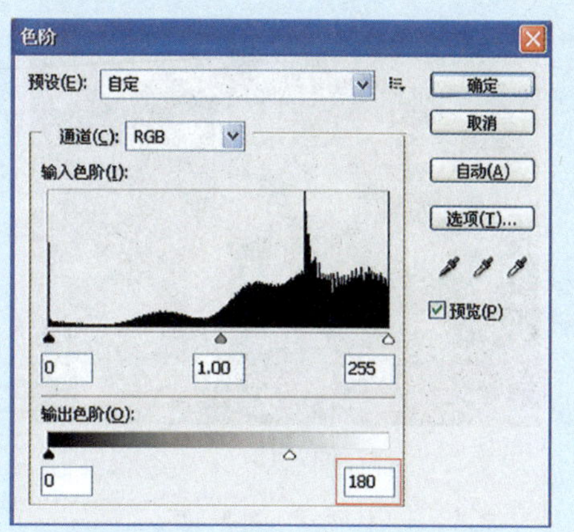

图7.13

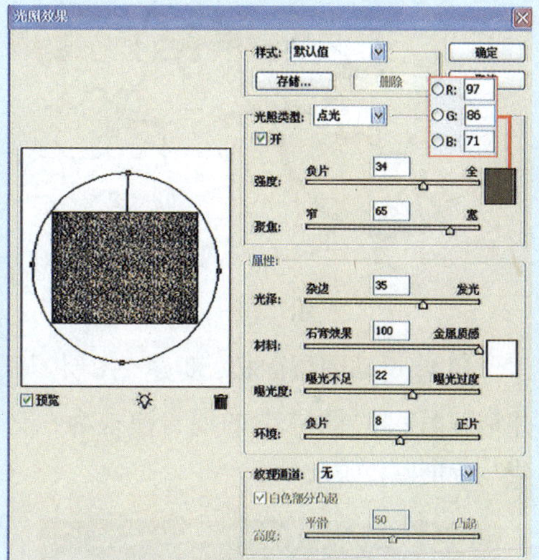

图7.14

（11）在“通道面板”下新建通道：“Alpha 1”。执行“滤镜”→“渲染”→“分层云彩”命令，按快捷键“Ctrl+F”再执行一次，如图7.15所示。

（12）复制“Alpha 1”生成“Alpha 1副本”，按快捷键“Ctrl+L”打开“色阶”对话框，设置输入色阶参数分别为：0，1.42，19，效果如图7.16所示。

（13）按下“Ctrl”键单击“通道面板”上的“Alpha 1副本”，得到选区后复制。

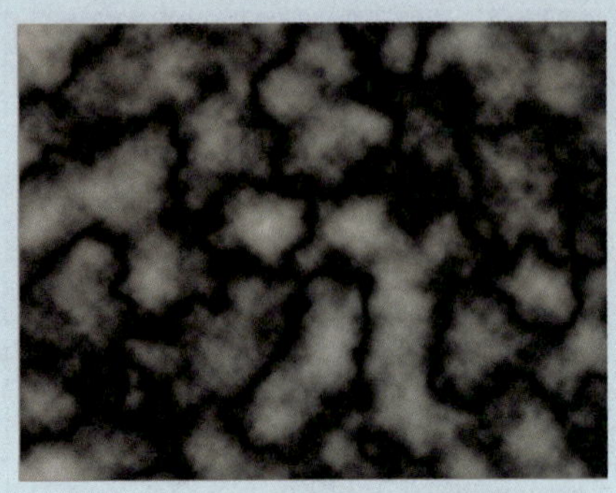

图7.15

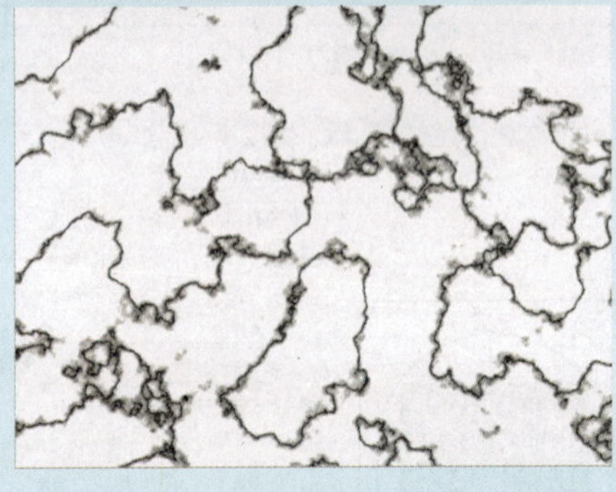

图7.16

（14）返回图层面板，新建“图层2”并粘贴，设置“图层2”的混合模式为“差值”，如图7.17所示。

图7.17

（15）双击“图层2”面板空白处，设置图层样式“斜面与浮雕”效果，如图7.18所示。

（16）设置“等高线”效果为“锥形—

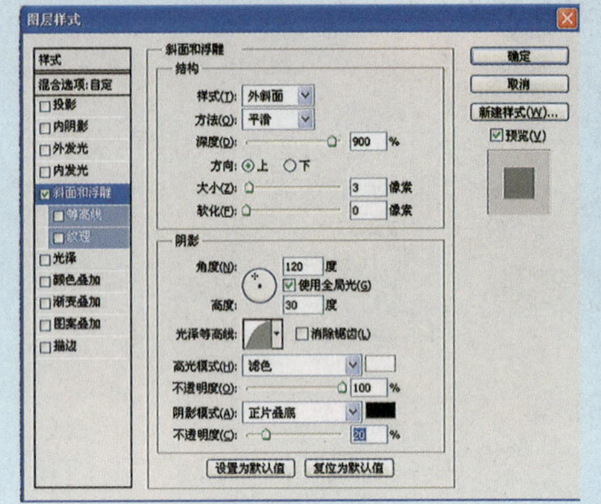

图7.18

反转”，此时图像纹理已经加深。

（17）合并“图层1”“图层1副本”“图层2”为“图层2”。

（18）点选“Alpha 1”通道，按快捷键“Ctrl+A”全选、再按快捷键“Ctrl+C”进行复制。

（19）新建“图层3”，按快捷键“Ctrl+V”粘贴。

（20）执行“滤镜”→“风格化”→“浮雕效果”命令，设置角度为150、高度为2、数量为270。

（21）将“图层2”置于顶层，设置混合模式为“叠加”，如图7.19所示。

图7.19

（22）合并“图层2”和“图层3”为“石纹1”。

（23）通过“色彩平衡”调整图像的“阴影”“中间调”和“高光”，得到想要的石纹颜色，如图7.20所示。

图7.20

（24）将“石纹1”复制4层，缩小50%，后拼合为“石纹2”，并使纹理对称，如图7.21所示。

图7.21

（25）确保“石纹2”为工作层，在图像中央建一正圆选区后按快捷键“Ctrl+J”，生成新图层，关闭其他图层后，可看到新图层如图7.22所示。

（26）收缩选区并删除，得到石纹圆环。

（27）选择“矩形”工具，在环上画一

图7.22

个矩形路径，如图7.23所示。

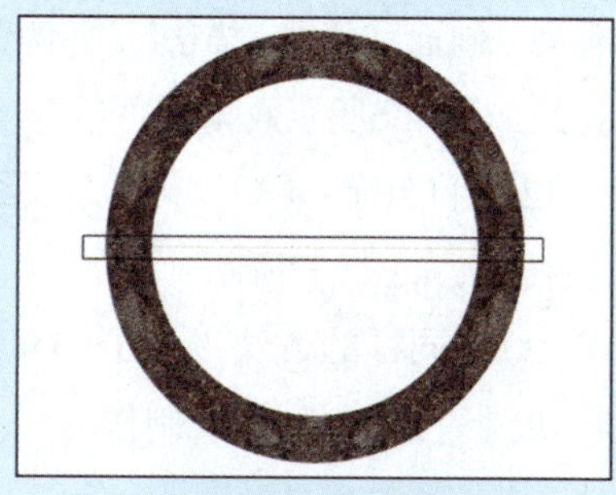

图7.23

（28）选取路径，按快捷键“Ctrl+Alt+T”，在属性栏上输入角度为20后，按回车键确定。

（29）连续按组合键“Ctrl+Shift+Alt+T”，将矩形路径复制并旋转，得到如图7.24所示的效果。

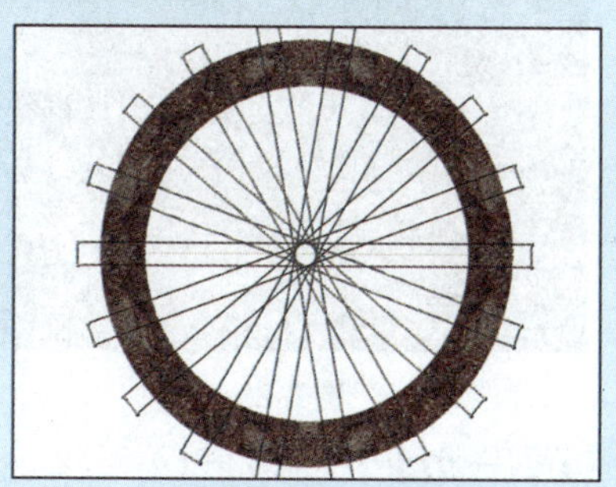

图7.24

（30）选取全部路径，转换为选区后按“Delete”删除，如图7.25所示。

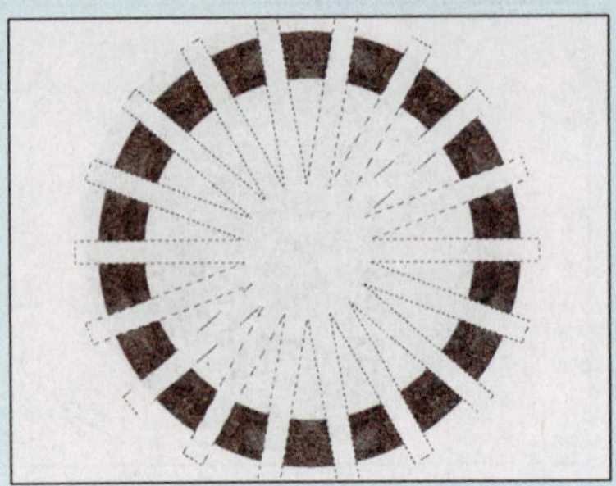

图7.25

图7.26

(31)取消选区，添加“图层样式”中的“阴影、斜面和浮雕、描边”，并调整参数，得到如图7.26所示效果。

(32)用(26)~(32)步的方法绘制中间的图案，如图7.27所示。

(33)用同样的方法以“石纹1”为原型制作最上一层封套，完成制作。

图7.27

3.岁月之墙——砖墙纹理的制作

【效果图】

图7.28

【做一做】

(1)新建文件“岁月之墙”：800×600像素，分辨率为72像素/英寸，RGB颜色模式，白色背景。

(2)新建“图层1”。设置“前景色”为(R129, G81, B28)，“背景色”为(R54, G46, B43)。

(3)执行“滤镜”→“渲染”→“云彩”命令，如图7.29所示。

图7.29

(4) 执行“滤镜”→“艺术效果”→“底纹”命令，其设置如图7.30所示。

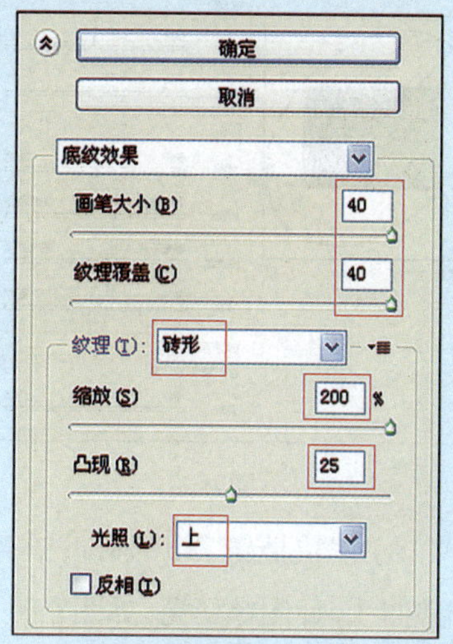

图7. 30

(5) 按快捷键“Ctrl+J”生成“图层1副本”，执行“滤镜”→“风格化”→“查找边缘”命令，如图7.31所示。

图7. 31

(6) 执行“滤镜”→“艺术效果”→“干画笔”命令，画笔大小为3，细节为10，纹理为1，效果如图7.32所示。

(7) 设置“图层1副本”的图层模式为“正片叠底”。按快捷键“Ctrl+E”向下合并为“图层1”。

图7. 32

(8) 新建文件：100×60像素，分辨率为150像素/英寸，RGB颜色模式，白色背景。

(9) 选择“直线”工具，设置粗细为4 px，在文件中画出砖块的纹理，如图7.33所示。

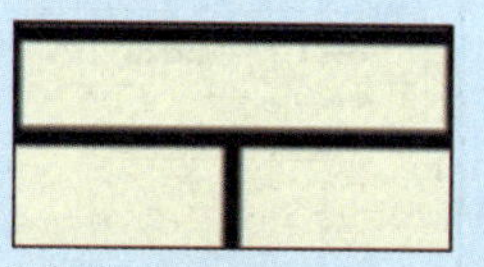

图7. 33

(10) 执行“编辑”→“定义图案”命令，将砖块纹理定义为图案。

(11) 回到文件“岁月之墙”，执行“编辑”→“填充”命令，在“填充”对话框中选择“图案”填充，选择刚才定义的砖块纹理图案。

(12) 用“魔棒”工具选取黑色，执行“选择”→“修改”→“收缩”命令，将选区收缩1像素。

(13) 选择“图层1”，按下“Delete”键删除后取消选区。关闭“图层2”，得到如图7.34所示效果。

图7.34

（14）为“图层1”添加图层样式：“内阴影”“内发光”，如图7.35、图7.36所示。

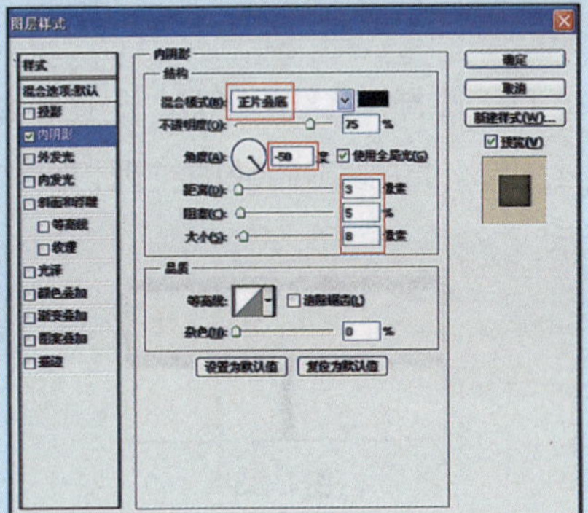

图7.35

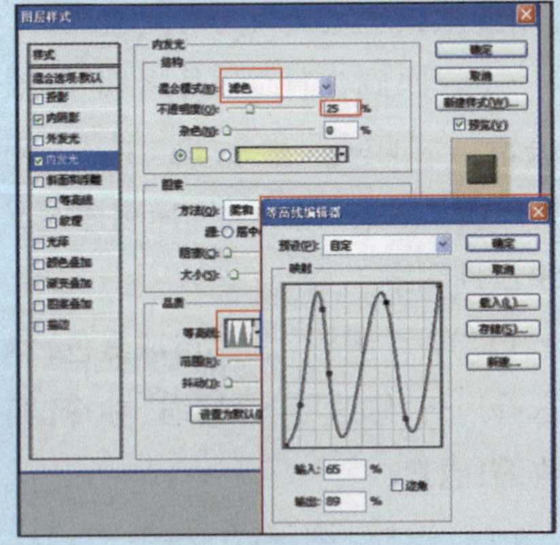

图7.36

（15）执行“滤镜”→“渲染”→“光照效果”命令，注意将“纹理通道”设置为：“红”，如图7.37所示。

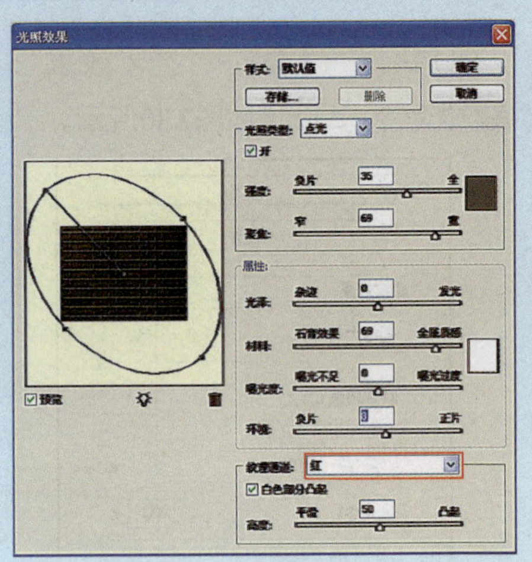

图7.37

（16）按快捷键“Ctrl+M”，在对话框中调整曲线，使图像变亮，如图7.38所示。

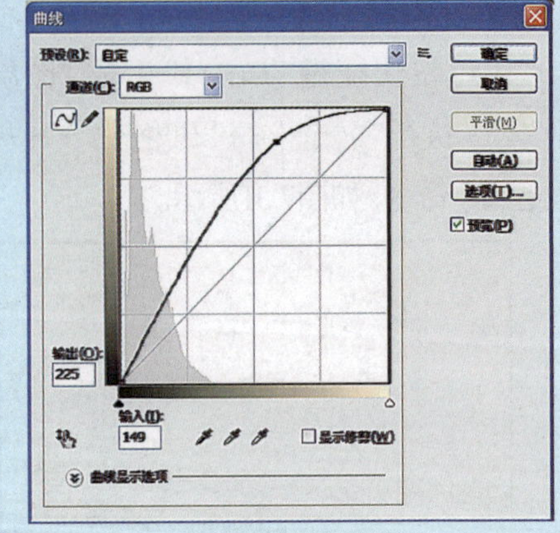

图7.38

（17）打开并以“图层2”为工作层，执行“滤镜”→“画笔描边”→“喷溅”命令，设置半径为7，平滑度为15。

（18）选取图像白色区域并删除，取消选区，得到如图7.39所示效果。

（19）执行“滤镜”→“模糊”→“高斯模糊”命令，将其参数设为1像素。

（20）为“图层2”添加图层样式“阴影”，如图7.40所示。

图7.39

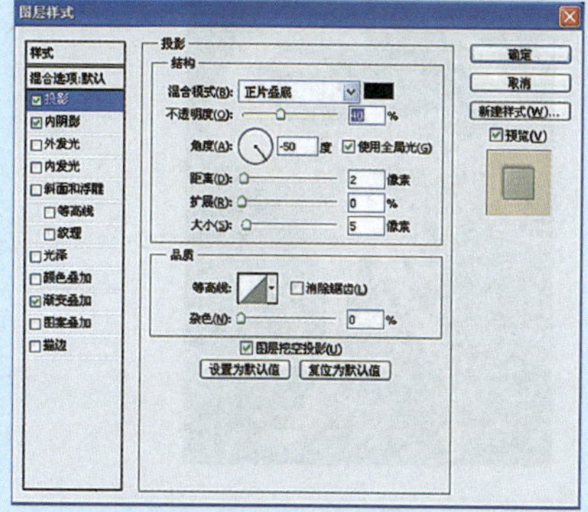

图7.40

（21）为“图层2”添加图层样式“内阴影”，混合模式为“正常”，角度保持一致，距离为0，大小为2。

（22）为“图层2”添加图层样式“渐变叠加”，渐变颜色为“青灰到浅灰”，如图7.41所示。

图7.41

（23）新建“图层3”，选取“图层2”和“图层3”，合并后更名为“砖纹”。

（24）执行“滤镜”→“风格化”→“浮雕效果”命令，设置角度为-50，高度为1，数量为260，得到凹陷效果，如图7.42所示。

图7.42

（25）新建“图层2”，设置“前景色”为（R245，G145，B25），“背景色”为白色。

（26）执行“滤镜”→“渲染”→“云彩”命令。

（27）保持“图层2”为工作层，载入“砖纹”层的选区，反选，删除。取消选区。

（28）设置“图层2”的混合模式为“正片叠底”。

（29）新建“图层3”，填充白色。

（30）执行“滤镜”→“杂色”→“添加杂色”命令，设置数量为20，高斯分布，单色。

（31）单击“D”键恢复默认色彩设置，执行“滤镜”→“素描”→“便条纸”命令，设置图像平衡为25，粒度为10，凸现为10。

（32）设置“图层3”的混合模式为“正片叠底”，完成作品。

任务二　打造动漫的酷炫背景

1.制作“战斗吧，星矢！”

【效果图】

图7.43

【素材】

sc721

【做一做】

（1）新建文件：800×600像素，分辨率为72像素/英寸，RGB颜色模式，黑色背景。

（2）新建“图层1”，设置“前景色”为白色，“背景色”为黑色。

（3）选择“渐变”工具，径向渐变模式，画出如图7.44所示的效果。

（4）执行“滤镜”→“扭曲”→“波浪”命令，如图7.45所示。

（5）连续多次按快捷键“Ctrl+F”，重复“波浪滤镜”。这一滤镜很难作出每次都一模一样的效果，从而使作出的图有了更多的意外和惊喜，如图7.46所示。

图7.44

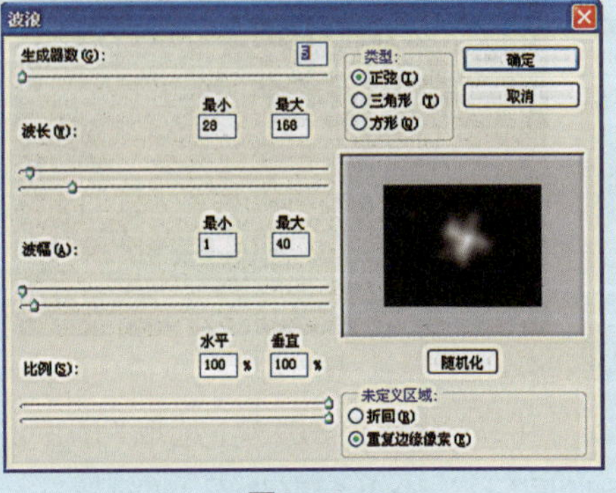

图7.45

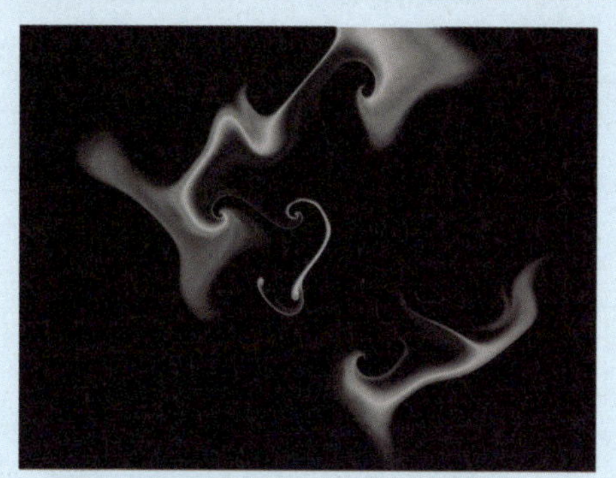

图7.46

（6）在“图层面板”中将图层混合模式设置为“变亮”。

（7）双击“图层1”，打开“图层样式”对话框。

（8）选择“渐变叠加”，设置混合模式为“颜色加深”，单击渐变条，打开“渐变编辑器”，这里所选的是“橙—黄—橙”渐变，也可以试着选其他渐变色，同时注意图像的变化，如图7.47所示。

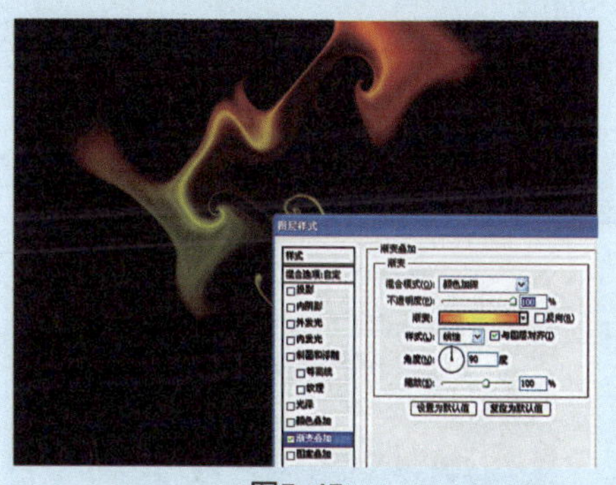

图7.47

（9）按快捷键“Ctrl+J”复制“图层1”为多个副本，再按快捷键“Ctrl+T”旋转每个副本不同的角度，效果如图7.48所示。

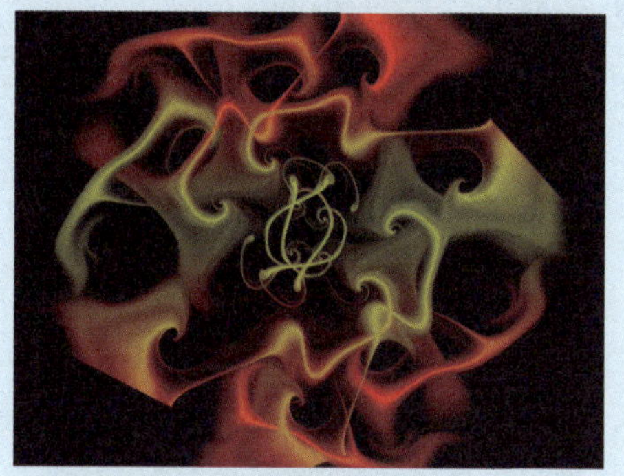

图7.48

（10）选中相应的层，用“涂抹”工具在缺角部位涂抹，使画面更完整，如图7.49所示。

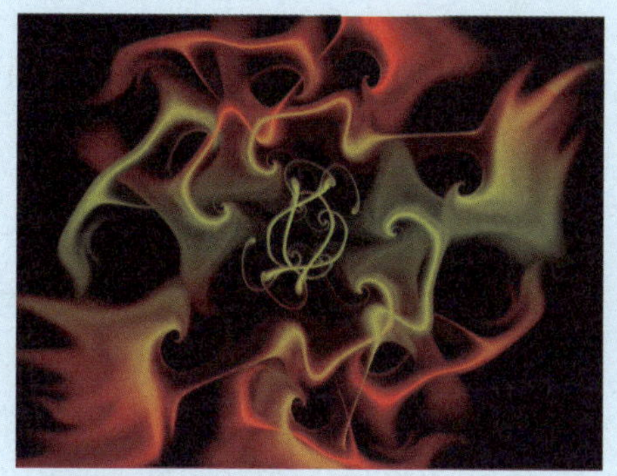

图7.49

（11）打开素材文件“sc721.jpg”，选取图中的人物，羽化2 px后复制。

（12）回到所作图像粘贴，按快捷键“Ctrl+T”调整人物大小及位置。

（13）调整人的图层使之下调一、两层，使人物表面也有一些光影效果。

（14）尝试改变图层样式中的色彩或混合模式，使自己的作品有所不同。

2.双层气泡的制作

【效果图】

图7. 50

【素材】

sc722

【做一做】

(1) 打开素材文件："sc722.jpg"。

(2) 新建"图层1"，用"椭圆选框"工具创建正圆选区并填充白色，关闭"图层1"。

(3) 保持选区，在通道面板新建"Alpha 1"并填充白色。

(4) 保持选区，执行"滤镜"→"模糊"→"高斯模糊"命令，参数为20 px。

(5) 按快捷键"Ctrl+I"反相并取消选区，如图7.51所示。

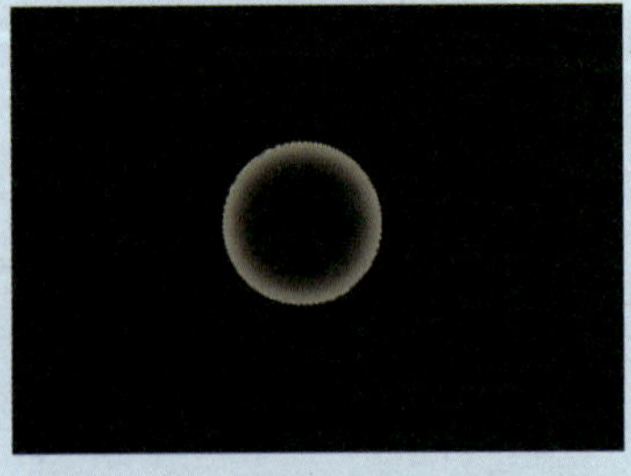

图7. 51

(6) 执行快捷键"Ctrl+L"调整色阶，设置对话框如图7.52所示。

(7) 载入"Alpha 1"的选区。回到"图层面板"并新建"图层2"。

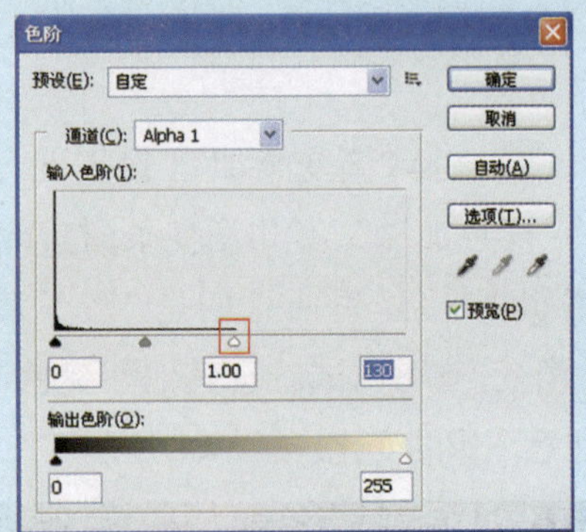

图7. 52

(8) 在"图层2"中以白色填充选区，取消选区后，如图7.53所示。

图7. 53

(9) 用柔边"橡皮擦"工具，降低"不透明度"，将部分图像擦除，如图7.54所示。

图7.54

(10)载入"图层1"的选区。新建"图层3",用"画笔"工具在选区内涂抹白色,如图7.55所示。

图7.55

(11)执行"滤镜"→"扭曲"→"旋转扭曲"命令,设置为一个较大参数。

(12)执行"滤镜"→"模糊"→"高斯模糊"命令,设置为4 px。并设置"图层不透明度"为70%,取消选区,如图7.56所示。

图7.56

(13)新建"图层4",新建正圆选区,用"画笔"工具涂抹出一个半透明的圆形,如图7.57所示。

图7.57

(14)取消选区。

(15)执行"编辑"→"变换"→"变形"命令,将小圆调整如图7.58所示。

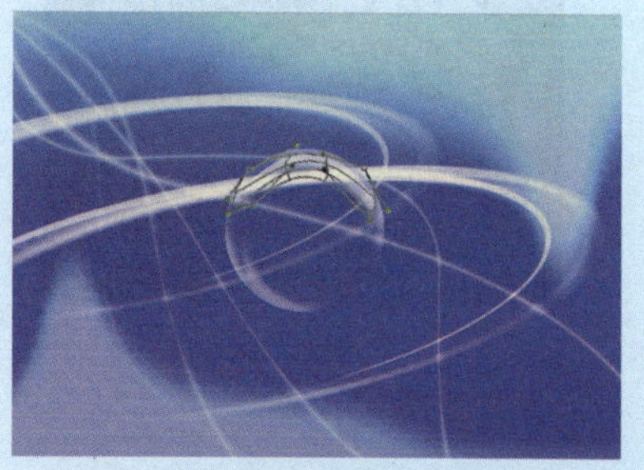

图7.58

(16)调整"图层不透明度"为60%。

(17)按快捷键"Ctrl+J"生成"图层4副本",调整其位置、角度和不透明度,如图7.59所示。

图7.59

(18)丢掉"图层1",选取除"背景"之外的其他图层后合并。

(19)复制多份,并分别调整气泡的大小和位置,得到理想的效果。

任务三　打造拼图效果

【效果图】

图7.60

【素材】

sc731

【做一做】

（1）新建文件：2 cm×2 cm，分辨率为300像素/英寸，RGB颜色模式，透明背景。

（2）按快捷键“Ctrl+R”显示“标尺”。执行“视图”→“对齐”命令，对齐到参考线、图层、文档边界。

（3）在标尺上拖出两条参考线，将画面四等分。

（4）画出如图7.61所示的图形。

（5）将图层复制后，图案填充为白色，旋转放置如图7.62所示。

（6）合并图层。执行“图像”→“图像大小”命令，设置图像宽、高均为40 px。

（7）执行“编辑”→“定义图案”命

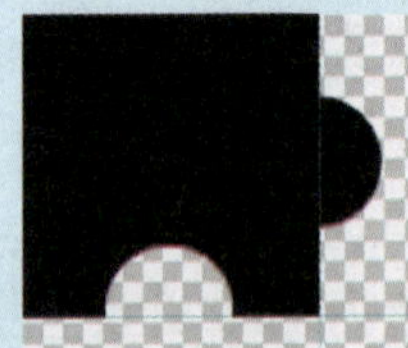

图7.61

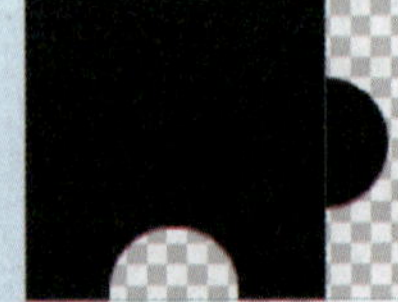

图7.62

令，将图像定义为图案。

(8)打开素材文件“sc731.jpg”。

(9)新建“图层2”，执行“编辑”→“填充”命令，以刚定义的图案填充图层，如图7.63所示。

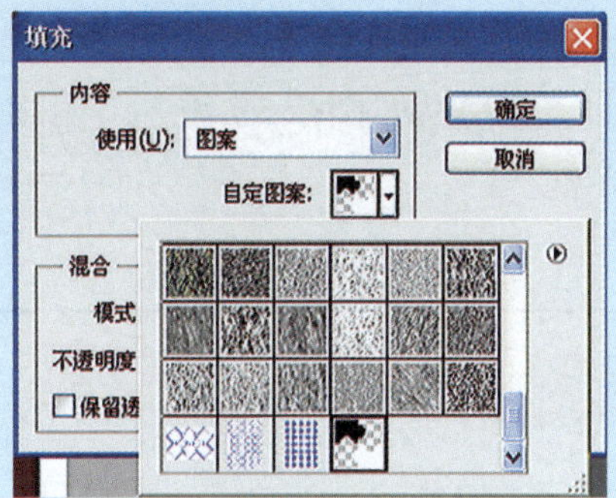

图7. 63

(10)填充之后图像如图7.64所示。

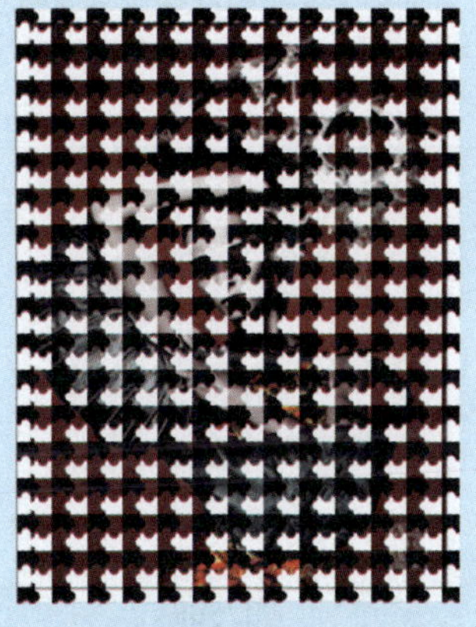

图7. 64

(11)为“图层2”添加图层样式，如图7.65所示。

(12)在“图层样式”中添加1个像素的深红描边。

(13)在“图层面板”将“图层2”的填充设置为0%，这时图像内容隐藏，而通过“图层样式”所生成的“斜面和浮雕”“描边”等效果不受影响，如图

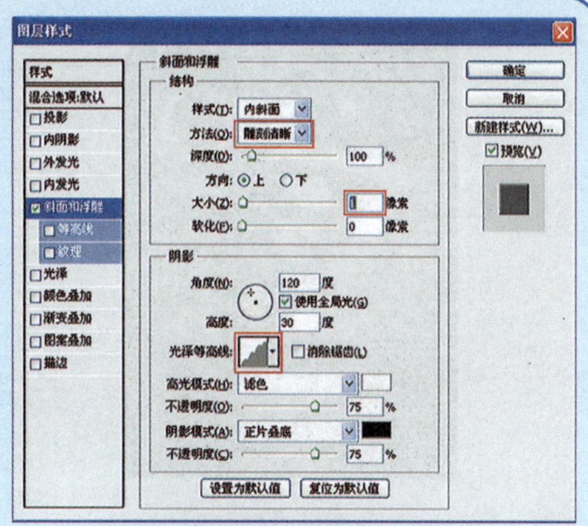

图7. 65

图7. 66

7.66所示。

(14)按组合键“Ctrl+Alt+G”创建剪贴蒙版。

(15)选择“魔棒”工具，添加选区模式、容差为5，在拼图上单击，零星选取几个拼图图形。

(16)按组合键“Ctrl+Shift+C”合并拷贝图像待用，并保留选区。

(17)确定“图层1”为工作层。按住“Alt”键单击“图层面板”底部的“添加图层蒙版”按钮，镂空选区，效果如图7.67所示。

图7.67

（18）选择“图层2”，粘贴生成“图层3”。调整拼图图块的位置，让其略有错位。

（19）按住“Alt”键，在图层面板将“图层2”的“fx”拖到“图层3”上，即将图层样式复制到该层。

（20）为“图层3”添加“阴影”并保存。

【牛刀小试】

苹果的手绘技法

【效果图】

图7.68

【做一做】

（1）新建文件：800×600像素，分辨率为100像素/英寸，RGB颜色模式，白色背景。

（2）新建图层，用“钢笔”工具画出苹果的外部轮廓并填充为灰色，如图7.69所示。

图7.69

（3）交替使用“加深”工具和“减淡”工具，将其曝光度设为10，大小至少为100，反复涂抹，画出大概的明暗关系，如图7.70所示。

（4）用“钢笔”工具画出苹果窝的轮廓，并转换为选区，如图7.71所示。

（5）用“加深”工具进一步画出苹果窝，如图7.72所示。

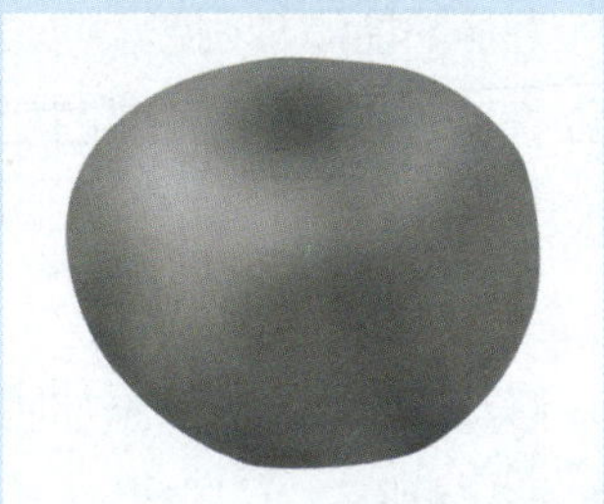

图7.70

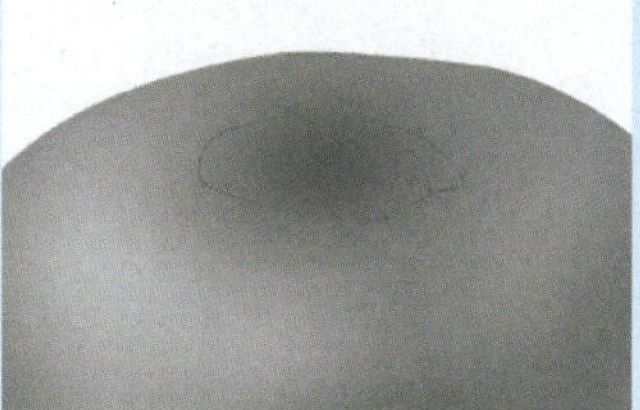

图7.71

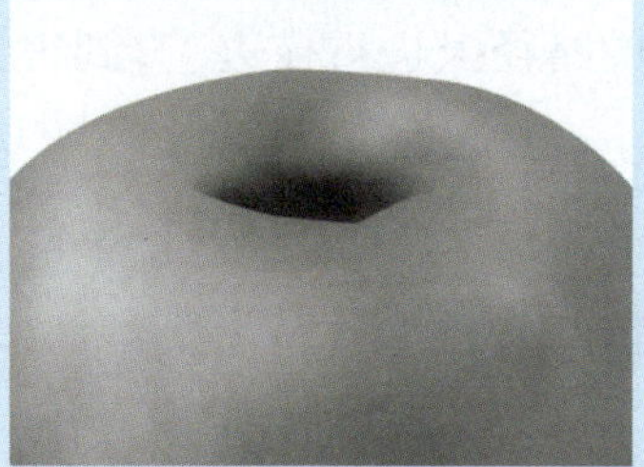

图7.72

(6) 执行“图像”→“调整”→“色彩平衡”命令，设置“阴影：80，0，0”“中间调：70，0，0”“高光：40，7，-14”，得到红苹果，如图7.73所示。

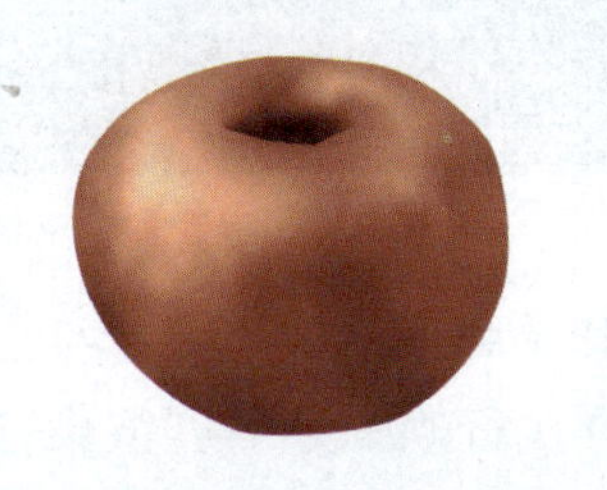

图7.73

(7) 新建图层，用“画笔”工具的大涂抹炭笔，在苹果表面画上一些黄色，如图7.74所示。

图7.74

(8) 用柔边的大“橡皮擦”工具反复涂抹黄色，特别是边缘部分，如图7.75所示。

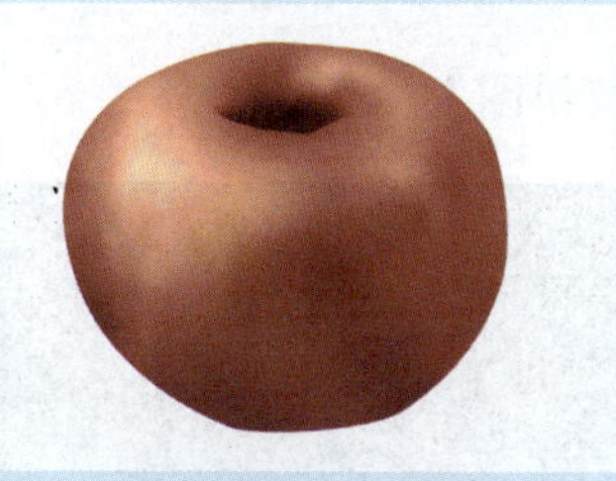

图7.75

(9) 用同样的方法，在苹果皮上添加一些紫色和暗红色，使之更逼真，如图7.76所示。

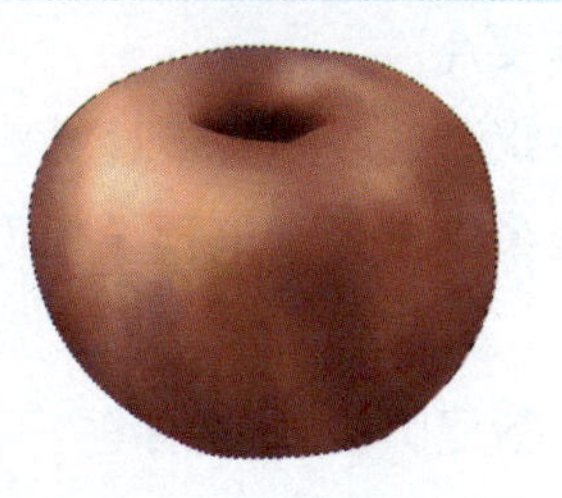

图7.76

(10) 用“钢笔”工具画出苹果梗，填充黄绿色后用“加深”工具涂抹，如图7.77所示。

图7. 77

(11) 为苹果梗添加阴影。

(12) 合并“背景”之外的图层，进一步用“加深”工具、“减淡”工具调整明暗关系。

(13) 修整细节，为图像添加阴影。最终效果如图7.68所示。

【我创作、我快乐】

1.飘渺的纱

【效果图】

操作要点

这些飘渺的纱其实不过是些线条，关键是将线条定义为画笔预设，而后进行路径描边。

(1) 新建图层，用“钢笔”工具在画布上随意画一条曲线，并用1 px的画笔描边。

(2) 用“橡皮擦”抹掉曲线的局部。

(3) 执行“编辑”→“定义画笔预设”。

(4) 重新画一条新的路径。

(5) 新建图层，选择“画笔”工具，以定义的曲线为笔刷，设置间距为1像素，设置好“前景色”进行路径描边。

(6) 尝试定义不同的线条为画笔，并在不同的路径上进行描边，直到得到想要的效果。

2.绚丽的动漫背景

【效果图】

操作要点

(1) 执行“滤镜”→“渲染”→“分层云彩”命令。

(2) 执行“滤镜”→“像素化”→“铜版雕刻”命令。类型为“短描边”。

（3）多次执行“滤镜”→“模糊”→“径向模糊”命令。选项为“缩放”。

（4）执行“滤镜”→“扭曲”→“旋转扭曲”命令，将角度设为150°。

（5）复制图层，设混合模式为“变亮”，再次旋转扭曲，角度相反。

（6）用“色彩平衡”调整各层的颜色。

（7）合并图层。

（8）执行“滤镜”→“锐化”→“USM锐化”命令。

3.手绘动漫人物

【效果图】

操作要点

（1）如果你有数位板，做这幅画会更方便些。

（2）用“铅笔”工具画出轮廓。

（3）上色的过程需要建立选区，并使用“画笔”工具和“橡皮擦”工具，反复上色或消减，使色彩过渡自然柔和。

（4）背景的画法也是一样，最后加上“模糊滤镜”。让它更具朦胧美。

（5）注意分层，便于你修改不满意的地方。

（6）完成这个作品，你最需要的是耐心。

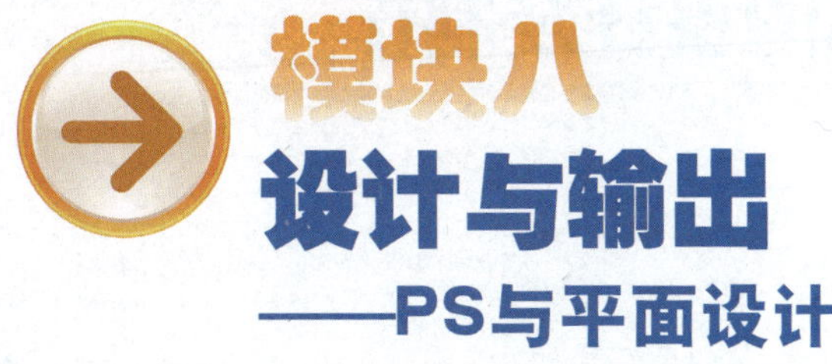

模块八 设计与输出

——PS与平面设计

【模块综述】

本模块学习运用PS制作商业广告，其中涉及商标、海报、DM单、包装设计的设计知识及实例制作，还将介绍输出的相关知识，使我们在实际制作之前做到心中有数。

模块目标：

- 标志的设计及制作。
- 包装的设计及制作。
- 海报的设计及制作。
- DM单的设计及制作。
- 大型广告的设计及制作。
- PS与网页设计。

任务一 标志的设计及制作

1.著名标志欣赏

（1）世界著名品牌标志

图8.1

（2）中国著名品牌标志

2010年上海世博会

图8.2

(3)贵州省内品牌标志

图8.3

2.标志设计的要领及步骤

从制作技术上来说，标志制作是比较简单的，在模块一中绘制车标大家已体会到了。而从设计上来说，标志的创意是最精华的浓缩，需要设计者有开拓性的思维和丰富的想象力。

①根据企业名称或主营方向构思创意；

②根据创意绘制主图形；

③根据主图形的风格设置名称的个性化字体；

④添加企业的全称并调整其整体布局。

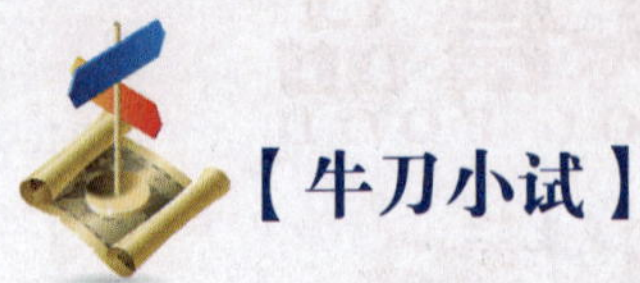

【牛刀小试】

为苗族银饰“太阳鼓”设计标志

【设计解读】“太阳鼓”是贵州一家开发苗族银饰的公司下属产品品牌，其标志是对苗族铜鼓的提炼和简化，蕴含了苗族文化的独特意义，图案简洁、古朴，同时具有现代感，是一个很成功的设计。

【效果图】

图8.4

操作要点

（1）图形标志用“钢笔”工具绘出路径、填充即可。绘制时注意边缘不要太平滑，以保留古朴的感觉。

（2）如果装有接近的字体，可输入“太阳鼓”三个字，并将其转换为轮廓，再进行修改，否则只能用“钢笔”工具逐字绘制。

（3）绘制注册标志。

（4）输入文字“品味·手工·魅力”“中国最精致的纯手工银饰品牌”及英文。

【我创作、我快乐】

为贵阳市设计一个城市形象标志

作为贵州省的政治、经济、文化中心，贵阳市环境优美，气候宜人，号称“林城”。以下是职业学校学生设计的标志，在这里抛砖引玉，同学们一定可以设计出更优秀的作品。

【效果图】

图8.5

任务二 海报、招贴的设计及制作

1.关于海报、招贴

海报，也称为招贴。随着现代社会的发展，海报已成为视觉范围内一道不可缺少的风景线，无论在商业区、学校还是影院，放眼所及，无数的商业海报、电影海报、文化海报、公益海报映入我们的眼帘。

海报一般可分为商业海报和公益海报两大类，商业海报以促进销售为目的，介绍商品的特色和特点；公共海报以社会公益性问题为题材，具有较强的警示和宣传作用。

特别一提的是电影海报，它们也属于商业海报，设计精美，视觉效果突出，具有较强的欣赏性。这类海报在网上可以搜索到很多，这里由于篇幅所限，将不再一一列举。

2.海报的要素

标题：包括主标题和副标题。

说明文：即广告正文。

标语：也称口号，是表达公益主题、产品性质或企业风格的完整短句。

图形设计：往往是海报中最具吸引力的部分，常常通过对图像素材的修饰和重组，使海报更具视觉冲击力。

3.公益海报欣赏

以下是贵阳市近年来中职校学生参赛的获奖作品。

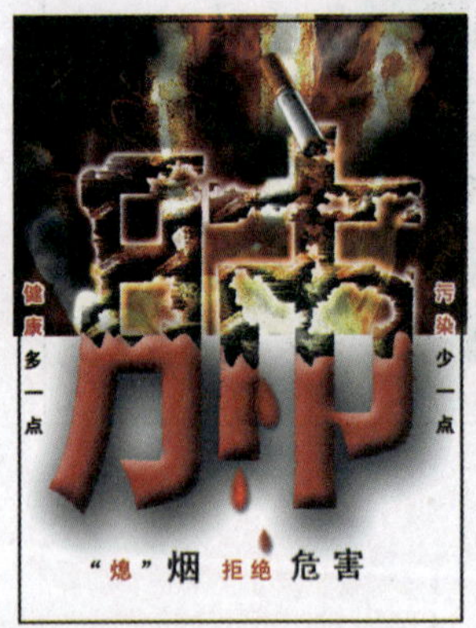

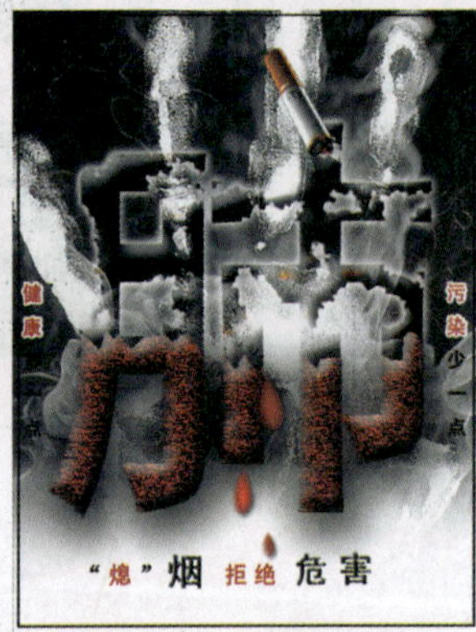

图8.6

【牛刀小试】

公益海报制作——投资助学公益海报

【效果图】

图8. 7

操作提示

1）本作品（如图8.7所示）在2010年贵阳市首届职业教育技能大赛计算机技能比赛中获一等奖。

2）作品构思巧妙：上半部分黑白的贫困学童与右下的彩色图片形成鲜明的对比，红色的绸带既分割了画面也引导了视觉，右上带红光的纸飞机与左下的文字、爱心相呼应，作品主题突出，寓意深长，这是学生中难得的好作品。

3）本例主要运用“抠图”“融图”的技巧。

4）同学也可依此为主题，自己尝试收集素材，创作作品。

【我创作、我快乐】

自己收集素材，为学校的宣传栏设计一张本校的宣传海报。

要求：尺寸：1.2 m×2.4 m，分辨率为72像素/英寸。

任务三 DM 单设计及应用

关于 DM 单

DM 单是商业广告中使用较多的一类宣传品，比如在银行的营业厅里的产品介绍单，超市里的商品优惠活动宣传单，由于设计简单、制作快、成本低、量大，是大部分小型广告公司的主要业务。

以下DM单是省内品牌“黔五福”2010年年底活动的宣传单，如图8.8所示。

（a）DM单正面

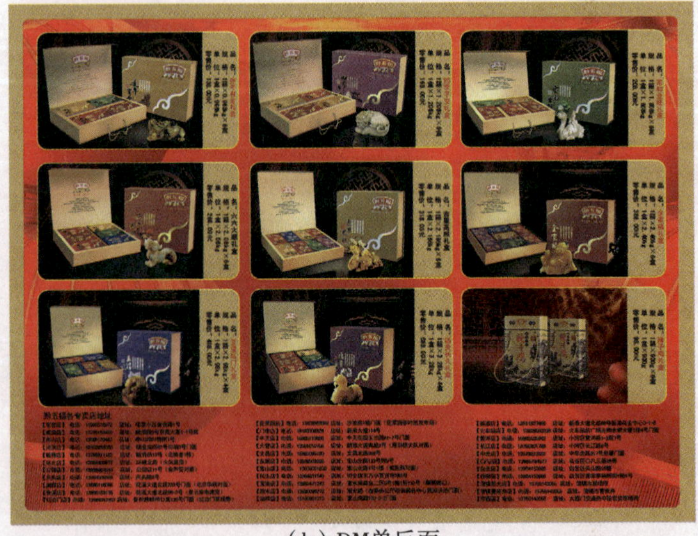

（b）DM单反面

图8.8

从这个单子中可以看出DM单的一些要素：

⚹根据活动要求进行创意。本次活动是针对春节团购，故画面喜庆，运用了较多的中国节日元素。

⚹通过主体文字突出活动内容。

⚹由于DM单是可以让顾客拿在手上慢慢看的，所以容量可以大，这张单子上对团购的活动内容、产品、专卖店地址介绍得很详细，这点和海报有很大的不同。

⚹DM单也有很多做成折页的，但不管是单张还是折页，因为量大，都会要考虑印刷成本，也就是说拼版后最好是一张一开的纸，将浪费减到最低。

下面再欣赏另一种风格的DM单，如图8.9所示。

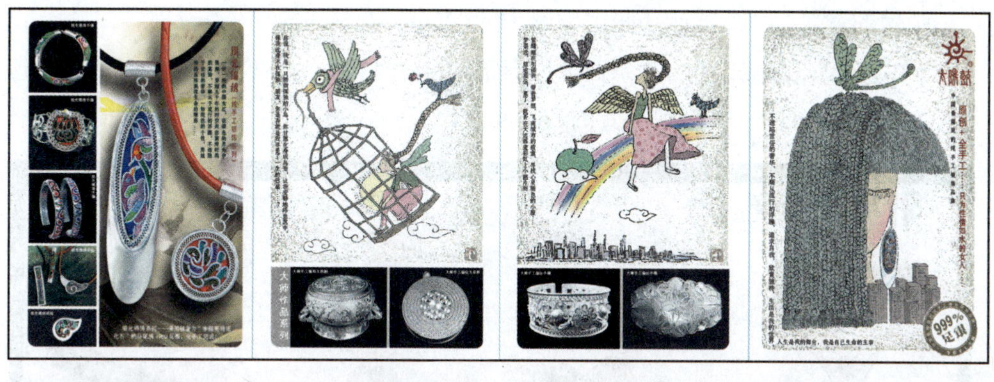

图8.9

在这组折页中，你是否感受到它清新而时尚的气息？“不迷陷世俗的奢华，不顺从流行的浮躁，追求自我，欣赏独特，生活是你的世界，人生是你的舞台，你是你生命的主宰”这样如诗的表白，是否能让我们了解产品受众的特殊气质？好的设计，一定是为消费者服务的设计，一定是表现了产品特性的设计，通过以上两组DM单，你明白了吗？

【牛刀小试】

制作一个DM单

春天来了，“黔五福”将为其休闲产品“蔬菜猪肉干”作促销活动，活动期间将本产品从58元降价到46元，设计师小张制作了商场特价牌、吊牌、挂条等，并制作了DM的背景设计，放在文件夹“小张的作业”中，今天小张突然生病，你能帮小张完成这张DM单的设计吗？你需要做的是将产品和降价信息放上去，并使页面风格协调一致。当然你也可以不用小张做的背景，重新设计一张由你做主的DM单。

图8.10为小张已制作好的背景，但小张已不小心将其存为JPG图片。小张的其他作品都是PSD文件，你可以从中得到需要的产品元素。

图8.10

任务四　印刷及输出

完成图形图像的绘制之后，通常需要打印输出、制版印刷或制作成写真喷绘，因此设计人员也需要了解印刷程序。

1.打印文件

打印前先进行打印设置。

执行“文件”→“打印”命令，在弹出的“打印”对话框中进行参数设置，如图8.11所示。

图8.11

（1）单击“打印设置”，设置纸张为“横排”或“纵排”。

（2）勾选“缩放以适应介质”，这样即使图像大于纸张也可以自动缩小。

2.纸张类型及选择

在设计印刷品时，首选要考虑纸张规格，随意设计可能会造成纸张大量浪费。合理选用纸张是降低印刷成本的重要方面（关于各种纸张的说明，见附录4）。

（1）纸张的克数与印刷

普通印刷品：如文件汇编、学习材料和文艺性读物等，平装本用52 g凸版纸，精装本可选用60 g或70 g胶版纸。

歌曲、幼儿读物：单色可用60 g胶版纸，彩色可用80 g胶版纸。

教科书：49～60 g凸版纸，精装本可用80～120 g胶版纸。

图片及画册：80～120 g胶版纸或100～128 g铜版纸。可根据精印程度、开本选用。

杂志：52～80 g胶版纸。

图书、杂志的封面、插页和衬页：200页以内一般用100～150 g纸，超过200页用120～180 g纸；插页用80～150 g纸。

广告宣传页、高档画册内页多选用128，157，200 g铜版纸或亚粉纸；封面可选用更厚实些的，亦可覆光膜或亚光膜。使之更显高档。

纸张在印刷成本中将占40%以上，同一品种的纸克数越重，价格越高，在设计时我们需要精打细算，但不能偷工减料。平面设计师不仅要根据设计对象的特点和客户的要求进行设计，而且要熟悉制版、排版工艺，了解印刷各环节和工价成本，并根据印刷厂的具体情况合理计算、调整，以降低印刷成本。

（2）纸张开本

所谓开数就是将整张纸对切开，切成几份就是几开。如全开纸一次对折，即为两开，二次对折，即为4开，开数越多，开本越小。在国内通常将12开以上称为大型开本，将16～36开称为中型开本，40开以下称为小型开本，如图8.12所示。

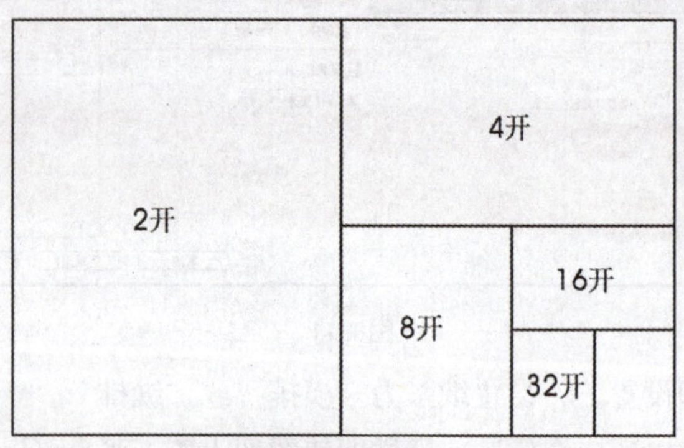

图8.12

目前用于印刷的全开纸有两种规格：一种为787 mm×1 092 mm（31 in×43 in）称为正度纸，多用于印刷一般中小型开本；另一种为889 mm×1 194 mm（35 in×47 in）称之为大度纸，多用于画册、高档杂志等中大型开本。由于787 mm×1092 mm纸张的开本是我国自行定义的，与国际标准不一致，因此是一种需要逐步淘汰的非标准开本。由于国内造纸设备、纸张及已有纸型等诸多原因，新旧标准尚需有个过渡阶段，目前裁切规格尺寸大度为：大16开本210 mm×297 mm、大32开本148 mm×210 mm和大64开本105 mm×148 mm；正度为：16开本188 mm×265 mm，32开本130 mm×184 mm，64开本92 mm×126 mm。

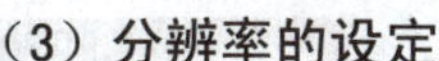

（3）分辨率的设定

单色印刷对分辨率的要求较低，一般4色印刷品用300 dpi已足够，精美的彩色印刷通常需要300 ~ 350 dpi的图像分辨率。

（4）平版胶印原理

四色胶印在印刷业中占主导地位，它是利用4种油墨（品红、品黄、品青、黑）将图文转印到纸张上，在PS中，一般用于印刷的图文设计都要采用CMYK模式，即是印刷的颜色：C：品青，M：品红，Y：黄，K：黑，其色彩比RGB要暗，也称为印刷模式。RGB模式与CMYK模式显示效果相差较大，设计时一定要注意。

任务五　喷绘写真技术的应用

1.喷绘与写真

喷绘一般是指户外广告，它输出的画面很大，如高速公路旁众多的广告牌。喷绘一般是使用喷绘机将油性墨水喷在灯箱布上，画面色彩一般会加深，它实际输出的图像分辨率只需要30 ~ 45 dpi，画面太大时，设计可降低分辨率。

以下是牛头食品的一张户外广告，实际尺寸为：13 m × 5 m，制作尺寸为1 300 cm × 500 cm，分辨率为30 dpi，如图8.13所示。

图8.13

写真一般用于户内广告，面积约几平方米大小，如商场内、展览会上使用的小幅广告，单位橱窗宣传多用写真。写真机一般用PP纸、灯片、水性墨水，机器最大幅宽一般是1.5 m，如超过这个幅宽，就需要考虑拼版，写真一般都需要覆膜（分光膜和亚光膜）、裱板，输出分辨率可达到300 ~ 1 200 dpi，写真色彩饱和、清晰，视觉效果较好。

图8.14是用于展览会上的易拉宝的广告牌，实际大小为：80 mm × 200 mm，设计大小80 mm × 200 mm，分辨率为100 dpi。

图8.14

2.喷绘写真中的技术要求

尺寸要求：喷绘图像设计稿与实际大小尺寸一样，不需要留出出血部分。做户外喷绘时，一般喷绘公司在输出画面时会留出10 cm的白边用于打扣眼。

⚹图像分辨率要求：喷绘的图像常常比较大，如果分辨率也做得大，计算机往往会死机，而喷绘对图像分辨率也没有标准要求，合理降低分辨率可以加快作图速度。一般户外喷绘面积在 100 m^2以下的，分辨率在40 dpi以上；喷绘面积在100 m^2以上的，分辨率在20~30 dpi，具体可根据自己的计算机情况而定。室内写真一般做70 dpi即可。

⚹图像模式要求：喷绘写真都必须用CMYK模式，并且黑色要用混合色，即：C100, M100, Y100, K100，如只用K100，画面上会出现横道，从而影响效果。

⚹储存要求：文件格式最好是TIFF非压缩格式，以免影响效果。

⚹输出要求：输出时要合并所有图层。

⚹细节要求：由于很大，一些在小图上不易察觉的瑕疵，在喷绘图像上会明显夸张，这点又无法通过小样发现，因此喷绘图像制作完成后，一定要放大到100%仔细检查并校对文字。

任务六 PS与网页设计

【提示】

(1) Adobe公司的另一款绘图软件Fireworks能够更好地实现与网页制作软件Dreamweaver的融合，更具专业性。

(2) 运用PS，可让网页页面更美观，更具艺术性。

(3) 很重要的一点：PSD文件不被浏览器支持，因此发布到网上的图片只能是".JPG"".GIF"".PNG"这3种格式之一。

【关于切片】

(1) "切片"工具、"切片选择"工具隐藏在"裁剪"工具之下。

(2) 选择"切片"工具，在图片上按下鼠标左键拖出一个区域，即生成一个切片，同时系统会自动生成其周边的切片。

(3) 选中图层，执行"图层"→"新建基于图层的切片"命令，将生成与图层内容同样大小的切片。

(4) 切片编号在图像中以从左到右、从上到下的顺序进行编号。

(5) 手动和从图层生成的切片编号与图标呈蓝色显示，系统自动生成的切片为灰色。

(6) 被选中的切片将出现一个金色定界框，指出该切片被选中。

(7) 用"切片选择"工具双击切片，可打开对话框编辑切片名称和链接。

(8) 将光标放在切片边缘的调节柄上可调节切片的大小。

(9) 如果需要链接，这项工作最好还是放在Dreamweaver中去做，由于涉及站点管理，在PS中做很容易出错。

切片并发布网页

(1) 打开素材文件"sc861.psd"。

(2) 打开PS，单击标题栏右上侧有"设计"按钮，进入到软件预置的设计模式，这时PS将仅显示进行Web设计时最常用的面板。

(3) 在图层面板选中"图层5"，执行"图层"→"新建基于图层的切片"命令，观察生成的切片及其编号、图标的不同。

(4) 选择“切片”工具，手动将左边的Logo、图片分别生成切片。再次观察切片编号及图标的变化。

(5) 在红色的页面导航上手动生成一个大的切片。在其上点右键选择“划分切片”，将其垂直划分为7份。再次观察切片编号及图标变化。

(6) 继续生成其他切片，如图8.15所示。

图8.15

(7) 执行“文件”→“存储为Web和设备所用格式”命令。

(8) 选中任一切片，在对话框的预设下拉列表中选取不同的图片格式，观察图8.16左下红框区域所示的图片大小变化，一般将图片设置为JPEG中即可。

(9) 单击“存储”按钮，在弹出的对话框中选择好存储路径。新建一个文件夹，打开准备放置发布的页面和图片。

(10) 在对话框格式中选择“HTML和图像”，单击“保存”按钮。

(11) 从“我的电脑”下找到刚才新建的文件夹，打开之后可以看到：里面有一个HTML文件和一个放图片的文件夹“images”。双击 html 文件，即可在浏览器中预览网页页面。

存储为 Web 和设备所用格式 (100%)
原稿 优化 双联 四联
手工大師
HANDWORK
Technician
JPEG
13.47K
3 秒 @ 56.6 Kbps
30 品质
100%
R: -- G: -- B: --
Alpha: -- 十六进制: -- 索引: --
Device Central...
预览...
预设: JPEG 中
JPEG
中
品质: 30
连续
模糊: 0
优化
杂边:
嵌入颜色配置文件
转换为 sRGB
预览: 显示器颜色
元数据: 版权和联系信息
颜色表
图像大小
W: 1575 像素
H: 1102 像素
百分比: 100 %
品质: 两次立方
动画
循环选项: 一次
1/1
存储
取消
完成

图8.16

附录

附录1　图形图像的常用格式

- PSD格式：是PS软件的专用格式，它能保存图像的层、通道和路径等信息，但文件数据量比较大，兼容性比较差。
- JPEG格式：简称为JPG，是一种较常用的有损压缩技术，是所有压缩格式中兼容性最好的。它主要用于图像预览及网页文档。
- GIF格式：能存储背景透明化的图像格式，只能处理256种颜色，可支持动画效果，常用于网络传输，QQ表情多是这种格式的文件。
- BMP格式：是微软的专用格式，也是一种标准的点阵图文件格式。通常比较大。
- PNG格式：是Adobe公司针对网络图像开发的文件格式，使用无损压缩的方式，并支持透明背景，是功能强大的网络文件格式，也是Adobe公司的另一绘图软件Fireworks生成的原文件格式。
- TIFF格式：是一种通用的多平台图像格式，TIFF在PS中可支持24个通道，是除PSD外唯一能存储多个通道的文件格式。
- EPS格式：是一种跨平台的通用格式，几乎所有的图形图像和页面排版软件都支持该文件格式，并在各软件之间进行相互转换。
- AI格式：是一种矢量图格式。是Adobe公司另一绘图软件Illustrator的常用文件格式。
- CDR格式：是另一种矢量图格式，是Corl公司的绘图软件CorelDRAW生成原文件格式。

附录2　图形图像常用的色彩模式

- RGB模式：是一种加色模式，3种颜色各有256个亮度水平级，共有256×256×256=1 670万种颜色的可能，可表现出绚丽多彩的世界，故RGB也称真彩色模式。计算机屏幕即采用RGB颜色模式。
- CMYK模式：CorelDRAW调色板中默认的色彩模式。C：品青（Cyan），M：品红（Magenta），Y：黄色（Yellow），K：黑色（Black）是一种减色叠加模式，颜色叠加越多得到的颜色越暗，为减色混合法。也称印刷色模式。（注：虽然颜色叠加越多得到的颜色越暗，在印刷时再多的颜色叠加也只能得到深灰色，而得不到纯正的黑色，故CMYK中多了一个专用的黑色印刷通道。另外在印刷一些特别的颜色，如金色、银色时，也需要为之制作专色通道，在印刷中出单独的菲林胶片。）
- Lab模式：是一种国际色彩标准模式，该模式将图像的亮度和色彩分开。L表示亮度，A表示色相，B表示饱和度。
- HSB模式：H色相；S饱和度；B亮度。
- 索引色模式：也称映射色彩，它只能通过间接的方式创建，而不能直接获得。其图像是256色以下的图像，一般只可当作特殊效果及专用，而不能用于常规的印刷。
- 黑白模式：只有黑白两种色值。灰色为黑白相间的几何图案或颗粒效果，只有灰度模式和带有通道的图像才能直接转换为黑白模式。
- 灰度模式：又称8 bit 深度图，它能产生256级的灰色调。将一个彩色文件转换为灰度图后，色彩将丢失，不能还原。灰度模式中只有明暗值，它由0~255个灰度级组成。

附录3 PS的常用快捷键

获取帮助：F1
显示或关闭画笔选项板：F5
显示或关闭颜色选项板：F6
显示或关闭图层选项板：F7
显示或关闭信息选项板：F8
显示或关闭动作选项板：F9
显示或关闭选项板、状态栏和工具箱：Tab

全选:Ctrl+A
反选:Shift+Ctrl+I
取消选择区:Ctrl+D
选择区域移动：方向键
选择区域以10个像素为单位移动：Shift+方向键
复制选择区域：Alt+方向键

填充为前景色：Alt+Delete
填充为背景色：Ctrl+Delete

调整色阶工具：Ctrl+L
调整色彩平衡：Ctrl+B
调节色调/饱和度：Ctrl+U
自由变形：Ctrl+T

增大笔头大小："中括号"
减小笔头大小："中括号"
选择最大笔头：Shift+"中括号"
选择最小笔头：Shift+"中括号"
重复使用滤镜：Ctrl+F

向下合并图层：Ctrl+E
合并可见图层：Shift+Ctrl+E

放大视窗：Ctrl+"+"
缩小视窗：Ctrl+"–"

显示或隐藏标尺：Ctrl+R
显示或隐藏虚线：Ctrl+H
显示或隐藏网格：Ctrl+"

打开文件：Ctrl+O
关闭文件：Ctrl+W
文件存盘：Ctrl+S
打印文件：Ctrl+P

工具箱（多种工具共用一个快捷键的可同时按"Shift"加此快捷键选取）
矩形、椭圆选框工具：M

裁剪工具: C
移动工具: V
套索、多边形套索、磁性套索: L
魔棒工具: W
喷枪工具: J
画笔工: B
橡皮图章、图案图章: S
历史记录画笔工具: Y
橡皮擦工具: E
铅笔、直线工具: N
模糊、锐化、涂抹工具: R
减淡、加深、海棉工具: O
钢笔、自由钢笔、磁性钢笔: P
添加锚点工具: +
删除锚点工具: –
直接选取工具: A
文字、文字蒙板、直排文字、直排文字蒙板: T
度量工具: U
直线渐变、径向渐变、对称渐变、角度渐变、菱形渐变: G
油漆桶工具: K
吸管、颜色取样器: I
抓手工具: H
缩放工具: Z
默认前景色和背景色: D
切换前景色和背景色: X
切换标准模式和快速蒙板模式: Q
标准屏幕模式、带有菜单栏的全屏模式、全屏模式: F
临时使用移动工具: Ctrl
临时使用吸色工具: Alt
临时使用抓手工具: 空格

附录4 纸张类型及使用

铜版纸: 表面光滑, 白度较高, 纸质纤维分布均匀、厚薄一致、伸缩性小, 有较好的弹性和较强的抗水性能和抗张性能, 对油墨的吸收性与接受状态十分良好。铜版纸又分单、双面两类, 主要用于印刷画册、封面、明信片、精美产品样本等。

亚粉纸: 表面亚光, 纸质纤维分布均匀、厚薄性好、密度高、弹性较好, 具有较强的抗水性能和抗张性能, 对油墨的吸收性与接受状态略低于铜版纸, 但比铜版纸略厚, 主要用于印刷画册、卡片、明信片、精美产品样本等。

白卡纸: 较厚实坚挺, 分黄芯和白芯两种, 常用于印刷名片、明信片、请柬、证书及包装装潢用的印刷品。

白板纸：内芯为灰色，纸质厚实、坚挺，折叠时不易断裂。其颜色有灰底白和白底白两种。主要用于印刷包装盒和商品装裱衬纸。

胶版纸：旧称“道林纸”，具有较高的强度和适印性能。有单面和双面之分，还有超级压光与普通压光两个等级。胶版纸是比较高级的书刊印刷纸，对对比度、伸缩率和表面强度有较高的要求，酸碱性也应接近中性或呈弱碱性，以免影响印刷用的纸张，主要供平版（胶印）印刷机或其他印刷机印刷较高级彩色印刷品时使用，适于印制单色或多色的书刊封面、正文、插页、画报、地图、宣传画、彩色商标和各种包装品。

牛皮纸：包括箱板纸、水泥袋纸、高强度瓦楞纸和茶色纸板。这种纸具有很强的拉力，有单光、双光、条纹、无纹等，有白色和黄色两种。主要用于制作小型纸袋、文件袋和工艺品、包装纸、信封、纸袋等。这种纸质可以体现产品的质朴和粗犷，具有独特的设计风格。

不干胶：纸张较薄，背面有背胶，分为镜面、铜版、书写不干胶。黏性也各有不同，主要用于瓶贴和包装印刷。

艺术纸：种类繁多，主要用于精美的书籍封面、画册、宣传册、请柬、贺卡、高档办公用纸、名片、高档包装用纸等。如黔东南丹寨石桥的古法造纸，很有特色。

新闻纸：不起毛，不透明性能好，但不宜长期存放。抗水性能差、不宜书写。主要用于报刊及书籍印刷。

凸版纸：纤维组织比较均匀，同时纤维间的空隙又被一定量的填料与胶料所填充，并且经过漂白处理，因此对印刷具有较好的适应性。它的抗水性能及纸张的白度均好于新闻纸，吸墨性虽略差，但吸墨均匀。这种纸写字容易洇，适用于重要著作、科技图书、学术刊物和大中专教材等的正文用纸。

附录5 设计制版常用术语

衬底：将图片或文字充满整个版本面使其为底纹。

跨页（通版）：图文较大，横跨两个版面以上。

反白：在较深色的色块上，让文字或图形以白色显现。

阴阳字：为使文字在深浅不同的色块中清楚地显示出来，可使文字在浅色区域中呈现较深的颜色，在深色区域中呈现较浅的颜色。

图压字：图在上层，字在下层，重叠处文字会被图片遮住。

字压图：字在上层，图在下层，重叠处图片会被文字遮住。

出血：为避免在裁切、装订时造成误差，保持成品的完整，设计印刷品时，页面尺寸应比实际大小各边多出3~5 mm，多出的这部分即称为“出血”。

淡化：降低图片的明亮度。

反作：在两个不同的版面中，将同一张图片进行不同方向的排列。

对称：在同一版面中，将同一张图进行不同方向的排列。

渐层：使某一色块或区域的颜色呈现由深到浅或由浅到深的阶层式变化。

渐淡：使图片的色调由深入浅，渐渐淡化。

褪底（去背景）：将图片中不用的物件及背景删除，借以突显图片中的主题。

破格：将图片放大并突破版面上的编排格式，使版面看起来更加活泼、有吸引力。